DE

L'AGRICULTURE

ET DE

SON IMPORTANCE

A L'USAGE DES ÉCOLES PRIMAIRES

PAR

MAIGNE

Deuxième Édition

PARIS

IMPRIMERIE ADMINISTRATIVE DE PAUL DUPONT

RUE DE GRENELLE-SAINT-HONORÉ, 45.

1865

DE

L'AGRICULTURE

ET DE

SON IMPORTANCE

Paris — Impr. Paul Dupont, rue de Grenelle-Saint-Honoré, 45.

DE
L'AGRICULTURE

ET DE

SON IMPORTANCE

A L'USAGE DES ÉCOLES PRIMAIRES

PAR

MAIGNÉ

Deuxième Édition.

PARIS

IMPRIMERIE ADMINISTRATIVE DE PAUL DUPONT

RUE DE GRENELLE-SAINT-HONORÉ, 45.

1865

AVERTISSEMENT

La tendance des habitants de la campagne à quitter les occupations champêtres, qui leur ont été transmises de père en fils, pour envahir les villes, est un fait dont le gouvernement a déjà cherché à diminuer les inconvénients, en multipliant les institutions agricoles.

Nous pensons qu'il serait très utile aussi d'inspirer le goût de l'agriculture aux enfants des écoles primaires, en leur démontrant l'honorabilité et les avantages de cette profession.

C'est dans ce but que nous avons écrit ce petit livre, que nous serions heureux de voir admis dans l'enseignement, comme exercice de lecture, parce qu'il nous paraît susceptible de produire de bons résultats.

Il a été de la part de plusieurs feuilles publiques importantes, l'objet d'un examen qui lui a valu des comptes rendus très-avantageux.

Le *Moniteur Universel*, dans son n° du 29 janvier 1865, en a fait mention dans les termes suivants :

« *De l'agriculture et de son importance à l'usage « des écoles primaires, par M. Maigné.* »

« Sous de bien modestes appparences, le petit « ouvrage que nous recommandons à nos lecteurs « cache un but élevé. Redoutant, dans l'intérêt de « l'agriculture et des agriculteurs, la tendance des « habitants de la campagne à quitter les occupa- « tions champêtres et la vie calme du laboureur « pour venir chercher fortune dans les grands cen- « tres de population où ils ne trouvent souvent que « déceptions et misères, l'auteur a conçu l'idée « d'écrire un livre en quelque sorte élémentaire, « mais capable d'inspirer le goût de l'agriculture « aux enfants des écoles primaires rurales, en leur « démontrant l'honorabilité et les avantages de la « profession à laquelle ils doivent consacrer leur « existence »

« Utile et moral avant tout, s'adressant tantôt au « sentiment, tantôt à l'intérêt réel du lecteur, tou-

« jours à ses principes d'honnête homme et de
« chrétien, l'ouvrage de **M. Maigné** ne manque pas
« d'une certaine érudition religieuse, historique et
« politique. Remontant à l'origine de l'agriculture
« pour en démontrer la noblesse, l'auteur nous fait
« assister aux progrès de cette science en Égypte,
« en Grèce, à Rome; il nous fait assister aux fêtes
« mythologiques de l'agriculture. Arrivant aux
« temps modernes, il s'occupe des institutions agri-
« coles que le gouvernement multiplie de tous
« côtés. »

« Divers fragments de la traduction des *Géor-*
« *giques,* par Delille, forment à la fin du volume un
« petit poëme champêtre, bien fait pour répandre
« dans l'âme des jeunes gens de nos campagnes
« l'amour des travaux de la terre. »

CHAPITRE PREMIER

L'agriculture a civilisé le monde ; c'est le besoin
de ses productions pour vivre et se vêtir, qui dut
forcément faire reconnaître aux premiers habitants
de la terre l'obligation de la travailler, de respecter
ensuite, dans les champs cultivés, le droit d'autrui,
afin que celui de tous le fût tour à tour. Un
besoin individuel que la nature assez égoïste de
l'homme n'eût pas bien reconnu à son semblable,
força ainsi, par réprocité, tous les cultivateurs au
respect de la propriété et des droits acquis par le
travail sur les productions du sol. Sans cette indispensable nécessité de cultiver pour vivre, pour
se vêtir, uniques besoins du monde primitif, et de
reconnaître le droit de son voisin, afin qu'il re-
connût celui des autres, les hommes auraient

vécu de glands et de chasse, comme la tradition suppose que quelques peuples l'ont fait, car la loi suprême de tous les êtres animés est de se nourrir, pour concourir par leurs efforts individuels aux desseins du Créateur, dont la sagesse a mis en eux l'instinct de la conservation indispensable à l'accomplissement de ses décrets.

Sans le bienfait de l'agriculture, les hommes seraient placés dans une situation analogue à celle des animaux. Ils vivraient à l'aventure comme les bêtes, lesquelles se ruent les unes sur les autres pour se disputer une proie. Les anthropophages qui ne cultivent pas la terre, vivent de chasse, de pêche, des produits naturels de la végétation, et, à l'occasion, de la chair de leurs ennemis que le sort des combats fait tomber dans leurs mains. Hâtons-nous de dire cependant, à la gloire de notre civilisation et de notre foi religieuse, que les hommes qui dévorent leurs semblables, ou qui vivent sans culture de chasse et de pêche, sont de plus en plus rares sur notre globe; parce que le commerce général des nations civilisées les recherche, les découvre, les instruit; parce que la religion chrétienne produit de nombreux et de dignes apôtres qu'elle dispose à parcourir l'univers pour convertir à la foi et à la civilisation, qui en sont les inséparables auxiliaires, tous les hommes privés de ces avantages.

Pour nous, habitants des contrées les plus civilisées du monde, soumis à l'action du progrès qui nous entraîne, nous sommes bien plus heureux que ces peuples déshérités des mille produits que nous retirons du sol cultivé, et dont nos savants agronomes s'occupent sans cesse d'améliorer les qualités et d'augmenter les quantités, par l'étude de toutes les questions qui se rattachent en général à la science agricole. — Si la population acquiert un grand développement, tel que nous le remarquons à chaque nouveau recensement, les produits de la terre augmentent aussi en proportion, et le pain ne manquera jamais à ceux qui travailleront pour s'en nourrir. La terre est la mère ancienne et nouvelle de la grande famille des hommes ; elle en est la mère ancienne, parce que le premier homme, Adam, souche de tous les autres, en a été formé ; elle en est la mère nouvelle, parce qu'elle produit de plus en plus, quand nous la cultivons, tout ce que nous pouvons désirer, soit pour la satisfaction de nos besoins réels, soit pour la jouissance de nos goûts surabondants... La terre est notre propriété, et sa mission, d'après la volonté de Dieu, est de répondre à nos soins par des produits incessants, nombreux et variés. Qui oserait limiter pour l'avenir le nombre, l'étendue, le trésor de ses productions? Qui pourrait assigner une borne à la quantité des grains, des aliments, des fruits qu'elle peut, qu'elle doit produire pour nous?

L'agriculture, sortie des mauvais jours qui l'ont paralysée chez nous pendant des siècles, a rompu ses entraves par la division de la propriété foncière, dont les lois féodales de notre ancienne monarchie défendaient ou comprimaient le développement. Vingt-quatre millions d'hommes vivaient fort mal, vivaient de privations, sur le sol de l'ancienne France, qui en nourrit maintenant beaucoup mieux trente six, et qui va suffire progressivement à cinquante, à soixante millions, grâce aux efforts continuels d'une population libre qui travaille, de l'art qui la forme, de la science qui l'éclaire et d'un gouvernement réparateur qui la moralise, qui l'excite et la récompense.

CHAPITRE II

ORIGINE ET ANCIENNETÉ DE L'AGRICULTURE FONDÉE PAR ADAM
ET LES PATRIARCHES.

Après que la désobéissance de notre premier père
Adam aux ordres de son Créateur, l'eût fait expul-
ser du paradis terrestre, où la fécondité de la terre
produisait d'elle même, pour sa subsistance, non-
seulement les arbres à pain [1] et toutes sortes de
fruits délicieux, mais encore des fleurs, des arbres,
des arbustes et des plantes, dont la beauté, la sua-
vité, flattaient et embaumaient les sens innocents, dont
il était heureusement doué, l'infortuné ne trouva
plus au dehors de ce paradis, ou jardin de délices,
qu'un sol rebelle, couvert de ronces et d'épines,
qu'il fut obligé de cultiver à la sueur de son front,
pour en obtenir les produits qu'il lui prodiguait libé-
ralement avant sa chute. C'est de cette époque,
à la date de la première année du monde, que re-
monte le besoin de la culture pour vivre et jouir

---

1. Le sagoutier, l'artocarpe et, par rapprochement, le châtaignier.

des milles productions que la terre, devenue avare pour Adam et ses descendants, nous accorde cependant encore quand nous la travaillons.

Adam vécut neuf cent trente ans, et, s'il est vrai, comme le suppose une savante chronologie [1], qu'il soit déchu le dixième jour du monde, c'est-à-dire quatre jours après que Dieu l'eut tiré du néant, il vécut neuf cent trente ans, occupé du travail des champs, auquel sa désobéissance le fit condamner... L'existance si longue, si pauvre de ce père du genre humain, créé à l'image de Dieu, façonné de ses mains, animé de son soufle, n'en est pas moins, à cause de son châtiment et de son repentir, une figure grande et respectable, dont la sueur et les bras ont ennobli, en quelque sorte, la culture de la terre qu'il nous a léguée pour toute héritage. Ne soyons pas humiliés après cette grande infortune, après cette sublime et nécessaire résignation, de travailler comme lui, et d'obtenir, comme il le fit, mais plus largement, avec plus d'abondance et de diversité, non pas une chétive nourriture, telle que dut être la sienne, mais les immenses ressources alimentaires et autres dont les arts et la civilisation

1. Celle d'Usserius.

sont de nature à faire jouir, dans notre siècle, tous ceux qui se vouent à la culture de la terre.

Le premier fils de l'homme, Caïn, si tristement célèbre, pour ne pas vivre de glands et de l'herbe des champs, cultiva, comme son père, et vécut aussi comme lui des productions du sol. Abel, dit le juste, fut vraisemblablement inspiré pour combler les besoins de l'humanité par l'éducation des bestiaux, destinés par le créateur à fournir, déjà à cette époque, leurs forces, leur lait, leurs dépouilles : leurs forces pour labourer la terre, leur fumier pour l'améliorer, leur lait pour contribuer à la nourriture des hommes, et leurs dépouilles pour les vêtir. En deux mots, c'est de ces deux choses, aussi ancienne que le monde, du travail des champs et du soin d'élever des bestiaux, que découlent tous les biens temporels dont nous jouissons aujourd'hui. — L'industrie, si magnifique et si puissante de notre temps, ne pourrait exister sans les produits de l'agriculture, parce que la terre produit tout, et l'art qui façonne des millions l'objets, ne le pourrait pas, si la terre, travaillée par les hommes, et la force utilisée des animaux, ne fournissait les matières premières nécessaires à l'industrie, qui les transforme pour les exploiter diversement.

La culture du sol et l'élève des bestiaux sont deux sœurs qui datent des premières années du monde, et qui ne pourront se passer de leur mutuel concours jusqu'à la fin des siècles. Des agents mécaniques, comme l'eau, le vent, la vapeur, remplacent, remplaceront plus ou moins la force des animaux ; mais leur fumier, leur lait, leur chair, leurs dépouilles, ne le seront jamais. L'agriculture et l'éducation des animaux resteront donc dans l'avenir, comme elles l'ont été dans le passé, les deux professions les plus nobles, parce qu'elles sont les plus utiles et les plus indispensables. Nous allons voir ces deux sœurs devenir, l'une et l'autre, l'occupation des patriarches et des rois, des consuls et des empereurs ; l'objet de l'étude des législateurs et de l'investigation des hommes éminents de notre époque.

Noé cultiva toujours la terre ; il fut laboureur avant le déluge et vigneron après. — La séparation d'Abraham et de Lot, son neveu, fut causée par la mésintelligence de leurs bergers, jaloux de posséder les meilleurs pâturages pour les nombreux troupeaux de leurs maîtres. — Les deux petits-fils d'Abraham, Esaü et Jacob, se firent, le premier cultivateur, le second berger. Jacob garda les troupeaux de son beau-père Laban quatorze ans, sans jouir de leur produit, et six années ensuite avec un intérêt qui lui permit de revenir dans son pays possesseur d'une fortune considérable.

L'Écriture rapporte que le saint homme Job, qui paraît avoir été roi de la ville de Déneba, dans l'Idumée, possédait sept mille moutons, trois mille chameaux et cinq cents paires de bœufs occupés au labourage de ses terres ; il avait aussi cinq cents ânesses, ce qui suppose une fortune colossale.

Moïse, élevé avec grand soin à la cour du roi Pharaon, garda néanmoins les troupeaux de son beau-père Jéthro pendant quarante ans, et c'est dans l'exercice de son état de berger, en gardant les troupeaux, qu'il reçut l'ordre de Dieu d'aller délivrer les Israélites de leur servitude d'Égypte. Moïse obéit, remplit sa mission en la préparant et en l'exécutant avec de grands miracles, avant, pendant et après le passage de la mer Rouge.

Josué, successeur de Moïse, n'eut pas plus tôt terminé la conquête de *la terre promise*, qu'il en partagea l'étendue aux douze tribus pour la cultiver et vivre de son produit.

Le cultivateur Gédéon était occupé à vanner le blé qu'il venait de récolter, quand un ange l'engagea à prendre les armes pour affranchir du joug des Madianites le pays de Chanaan qu'il habitait. Gédéon, heureux général, quoique simple cultivateur, délivra les Israélites de leurs ennemis, et reçut de la reconnaissance de ses compatriotes, le titre de Juge, c'est-à-dire de chef civil et militaire.

CHAPITRE III

NOBLESSE DE L'AGRICULTURE EXERCÉE ET PROTÉGÉE PAR LES ROIS D'ISRAEL.

Saül, premier roi des Hébreux, était à la recherche de ses ânesses, quand Dieu le fit sacrer roi de son peuple par le prophète Samuel. Un mois après son installation, il apprit, comme *il labourait son champ*, que Naas, roi des Ammonites, avait envahi une partie de la tribu de Manassé : saisi de l'esprit de Dieu, dit l'Écriture, il tua ses deux bœufs, en envoya une partie dans chaque tribu pour leur annoncer la suppression temporaire des travaux agricoles, par la nécessité de combattre pour délivrer la ville de Jabès, capitale de la tribu, ce qui fut fait dans très-peu de jours, résultat qui permit de reprendre les travaux champêtres peu de temps interrompus.

Le plus grand roi de l'histoire religieuse, David, fils et frère de cultivateurs, descendant du patriarche Booz, qui couchait la nuit dans ses champs pour y surveiller les travaux de la moisson, David gardait les troupeaux à l'âge de quinze ans, quand le prophète Samuel le fit appeler dans la maison de son père, pour le sacrer roi du peuple de Dieu, afin qu'il montât plus tard sur le trône de Juda et d'Israël ; David, disons-nous, devenu roi, fit transporter, de Gaboa à Jérusalem, l'arche du Seigneur, solennité pendant laquelle on immola un bœuf et un bélier tous les six pas.

Quand Salomon fit procéder à la dédicace du Temple qu'il avait construit, Jérusalem consomma, dans les sept jours de cette fête, vingt-deux mille bœufs et cent vingt mille moutons [1], dont le sang fut préalablement offert à Dieu, selon l'usage de la loi. Il ne pouvait y avoir qu'une bonne agriculture et des soins considérables donnés à la production des bestiaux, qui permissent de les multiplier ainsi.

On remarque, dans l'histoire des rois d'Israël,

1. Livre des Rois, III, ch. VIII, v. 63.

que les Moabites acquittaient un tribut annuel, dû
à ce royaume, de cent mille agneaux et de cent
mille béliers avec leur toison. D'où il résulte que
dans ces temps-là la propagation du bétail, soit chez
le peuple de Dieu, soit chez les idolâtres, était une
véritable richesse publique, basée sur les produits
de l'agriculture *et vice versa*, ces produits réagissant
de l'agriculture au bétail et du bétail à la terre.

Josaphat, roi de Juda, recevait tous les ans des
Arabes, peuple pasteur, un tribut de sept mille cinq
cents boucs et de sept mille cinq cents moutons.

Le roi de Juda, Azarias, quoiqu'en possession
du beau royaume de la Judée et de Jérusalem, sa
brillante capitale, royaume et capitale bien suffi-
sants pour satisfaire tous les besoins et toutes les
fantaisies, Azarias n'en faisait pas moins cultiver
plusieurs domaines pour son propre compte, afin
de stimuler les laboureurs, les vignerons et les
bergers, par l'exemple qu'il donnait, d'une bonne
culture, à ces trois classes intéressantes et laborieuses.

Nous lisons dans les *Paralipomènes* [1] : « Le roi
« Ezéchias avait de grands magasins de vin et

1. Liv. II, ch. XXXII, v. v. 28-29.

« d'huile, des étables et des écuries pour toutes
« sortes de gros bétail et de bêtes de charge, et
« des bergeries pour ses troupeaux. — Il fit bâtir
« des villes pour lui parce qu'il possédait une infi-
« nité de troupeaux, de brebis, et toutes sortes
« de grandes bêtes, et que le Seigneur lui avait
« donné une abondance extraordinaire de biens. »
Or, les biens de cette époque, comme ceux de la
nôtre, les biens les mieux assis, les plus assurés de
ne pas se perdre, étaient et sont encore aujourd'hui
les biens de la terre comme ceux aussi des bestiaux qui la travaillent et la fécondent. Conservons
donc ces biens précieux quand nous les possédons,
et travaillons à les acquérir honorablement quand
nous ne les avons pas encore.

Le roi Josias, qui régna cent soixante-neuf ans
après le roi Azarias, et quatre-vingt-trois ans après
le roi Ezéchias, dut suivre si bien la trace de ses
nobles ancêtres, qu'on lui vit fournir, pour célébrer une grande solennité religieuse, — la fête
de Pâques, — trente mille agneaux ou chevreaux et trois mille bœufs. — La prodigieuse
quantité de bœufs, de brebis, de moutons, d'a-
gneaux et de chevreaux, dont il est parlé dans ce
chapitre, est une chose qui ne peut être con-

testée, attendu que les chiffres en ont été pris dans l'histoire sacrée qui les contient dans ses pages canoniques.

CHAPITRE IV

L'AGRICULTURE EN CHINE.

La Chine paraît avoir été le pays colonisé le premier, après le déluge, par les émigrants de l'Arménie. Cette contrée de la haute Asie, séparée, par son éloignement, de l'Afrique et de l'Europe, sans commerce extérieur, livrée aux seules ressources de son territoire, ne fut occupée, pendant les premiers siècles de son histoire, que de divisions intérieures et des nécessités de son alimentation, nécessités impérieuses auxquelles elle devait pourvoir elle-même, ne pouvant espérer, à cause de son éloignement, aucun secours du dehors.

Les missionnaires nous ont appris que l'agriculture, qui pouvait seule suffire à tous les besoins des Chinois, était pratiquée chez eux avec un grand soin, attendu qu'ils suivaient l'exemple de leur empereur d'abord, et des premiers dignitaires de l'empire ensuite. On lit dans la description *géographique, historique et chronologique* de la Chine, par le P. Duhalde, que l'empereur traçait tous les ans, dans une solennité nationale, un sillon avec une charrue de vermeil, et que les grands seigneurs de sa cour prenaient la charrue après lui, pour sillonner aussi une lisière de terre. C'était un procédé bien propre à honorer l'agriculture et à la faire développer dans toutes les classes de ce vaste empire, composé, croit-on, de deux cents millions d'habitants, répartis dans l'étendue des terres, ou agglomérés dans un nombre immense de villes et de villages de tous les ordres.

Il n'est pas indifférent de remarquer, dans cette apologie de l'agriculture, que si, l'an du monde 3757, l'empereur de la Chine, Tsin-Chi-Huann-Ti, dirigé par l'esprit d'une politique inexplicable, ordonna de brûler tous les livres produits, pendant de longs siècles, et écrits en plus de soixante-dix idiomes en usage dans le pays, il en excepta ceux qui traitaient des choses les plus utiles, comme la médecine et *l'Agriculture*. Si barbare que fût ce souverain proscripteur des œuvres de l'histoire, de la littérature, des mathématiques et autres sciences : si barbare qu'il fût en imposant des tortures et une mort affreuse aux savants opposés à ces scandaleux auto-da-fé, il resta fidèle, du moins, au culte de l'agriculture, parce qu'il ne pouvait s'empêcher de voir en elle la nourriture de son peuple et le soutien principal de la société humaine, laquelle pourrait, à la rigueur, se passer de littérature, de belles-lettres, de beaux-arts et de sciences, mais non de pain.

CHAPITRE V

L'AGRICULTURE EN ÉGYPTE.

Si les rois guerriers ont régné le plus souvent en vertu d'un droit de conquête, nous voyons, en lisant l'histoire d'Egypte, qu'elle fut subjuguée, dans les premiers siècles de son organisation, non par la force, mais par la persuasion et l'attrait de l'agriculture dont *les rois Pasteurs*, venus de la Phénicie, surent lui faire apprécier les deux avantages réunis : *céréales et troupeaux*, car il n'est pas possible de faire marcher l'un sans l'autre. — Ces étrangers exercèrent l'autorité royale en Egypte, pendant une durée de deux cent soixante ans, dans la personne de *cinq rois Pasteurs*. Ce fut sous l'un deux, appelé *Pharaon*, qu'une disette à Chanaan fit réfugier en Egypte, reconnue pour sa fertilité, le patriarche Abraham. C'est à cause de cette fertilité de l'Egypte, arrosée par le Nil [1], que Jacob y envoya de Chanaan deux fois ses fils acheter du blé.

L'Egypte fut pendant plus de deux mille ans le pays qui produisit le plus de céréales, grâce au génie de l'un de ses rois. Peu touché de la vaine gloire de construire de magnifiques pyramides, de superbes obélisques, comme l'avaient fait auparavant, comme le firent plusieurs souverains après lui, le roi Mœris, reconnaissant la perte immense, pour son royaume, que l'excédant des grandes crues du Nil allât se perdre dans la Méditerranée, fit creuser un bassin de cent quatre-vingts lieues de circuit et de cent mètres de profondeur, pour recueillir, dans son vaste réservoir, le limon gras et fertilisant du débordement dont les flots étaient chargés, excédant que l'on distribuait au pays par de nombreux canaux, les années où les crues restaient au-dessous

---

1. Genèse, XIII, 10.

des nécessités indispensables aux terres pour produire de bonnes récoltes.

Le défaut d'entretien a depuis laissé combler peu à peu ce vaste bassin du nom ancien de Mœris, lequel ne compte plus maintenant, sous le nom de lac Birket-el-Keroum, qu'une vingtaine de lieues d'étendue, ressource bien insuffisante pour concentrer le trop plein des grandes crues nécessaires alternativement aux besoins de l'avenir. Ce grand inconvénient est encore aggravé par la destruction des richesses des années de grandes crues, parce que l'abondance du torrent entraîne, dévaste, ruine le sol qu'il inonde sans mesure. Le débordement des eaux qui se renouvelle plus ou moins souvent, au temps où nous sommes, doit dater du déluge, ou du commencement du monde si le déluge n'y a rien changé, car Moïse en a signalé l'effet, dans son livre de la *Genèse*. Le défaut d'entretien du grand lac Mœris est une grande faute, parce que l'agriculture est loin d'être ingrate ; car elle rend bien au delà, presque toujours, les dépenses qui lui sont affectées. Si la création de ce grand bassin enrichissait l'Egypte ancienne, l'abandon que l'on en a fait est bien préjudiciable à l'Egypte moderne, parce que le débordement, très-abondant et non contenu du Nil, dévaste et désole la plaine de ce beau pays si fertile quand il l'arrose modérément.

Si les chercheurs d'or piochent souvent la terre inutilement et meurent en grand nombre à la peine, il n'en est pas de même des agriculteurs sérieux ; plus ceux-ci donnent à la culture des champs et plus elle leur rend. Vous qui possédez un terrain quelconque, ne cherchez pas à placer vos économies, ou votre revenu, soit dans l'industrie, soit dans des opérations aventureuses ; mais amendez, améliorez votre terre ; elle vous rapportera double intérêt, et vous serez à l'abri des catastrophes commerciales et financières dont les secousses font de nombreuses victimes dans la population des villes, qui ne connait guère que les placements de ce genre.

CHAPITRE VI

L'AGRICULTURE EN GRÈCE.

Quoique les écrivains grecs se soient occupés de philosophie, de morale, d'éloquence, de belles-lettres, d'arts et de sciences plus que d'agriculture, il nous est aisé de reconnaître que leur pays était essentiellement agricole ; car Xénophon, surnommé l'abeille de la Grèce, a esquissé avec beaucoup de grâce et d'intérêt, dans le cinquième livre de ses mémoires, le bonheur du cultivateur qui fait vivre, par le travail de ses champs, sa famille et son pays.

Hésiode, inspirateur du célèbre Virgile, désire qu'un laboureur soit muni de deux charrues, en cas que l'une se dérange, précaution qui devrait être de tous les temps, de tous les pays, à cause de sa grande utilité et dont aucun laboureur ne devrait se dispenser. Hésiode a dû constater un fait certain, reconnu utile pour son pays, et non pas une théorie hasardée, quand il a mentioné qu'il fallait, avant de semer, préparer la terre par trois labours espacés : le premier avant l'hiver, le second au printemps, le troisième à l'automne.

Les fêtes nombreuses que les Grecs créèrent en l'honneur de leurs dieux, de Cérès, de Bacchus, de Triptolème, de Minerve, célèbre chez les Athéniens pour avoir produit l'olivier, plus propre que les céréales à la nature de leur sol : toutes ces fêtes ne permettent pas de douter de l'importance qu'ils de-

vaient attacher aux travaux et aux soins de l'agriculture. Plus avancés — par les lumières de l'esprit que
la plupart des autres peuples, — ils ne purent négli-
ger le premier de tous les arts, la plus utile de toutes
les sciences, la science et l'art de l'agriculture, avec
lesquels on peut tout, sans lesquels on ne peut rien ;
car les produits qui servent à tout sortent du sol;
mais la terre sans culture ne produirait que des
ronces, de même qu'avec d'insignifiants travaux,
elle ne rendrait que d'insignifiants produits. — *Les
travaux et les jours* d'Hésiode, résumé des
besoins de l'agriculture, ainsi que de ses produits et
des maximes utiles aux cultivateurs, les fêtes agricoles du pays, prouvent que les Grecs, après les
Égyptiens, devancèrent les Romains dans les moyens
de faire produire à la terre les aliments nutritifs et
autres dont les hommes ont besoin, et dont elle porte
le germe dans ses entrailles fécondes.

CHAPITRE VII

DIEUX ET FÊTES MYTHOLOGIQUES DES GRECS ET PEUPLES VOISINS EN L'HONNEUR DE L'AGRICULTURE.

Les païens de la plus haute antiquité pénétrés, comme nous, de cette vérité, que l'on obtient de la terre tout ce qui est nécessaire aux besoins de l'homme, attribuaient à l'agriculture une origine divine qu'ils rendaient fabuleuse, par la croyance que des dieux imaginaires, des hommes divinisés par leurs ancêtres, la leur avaient enseignée, et qu'ils en protégeaient encore les produits de leur sphère céleste.

Les Égyptiens furent les premiers qui crurent devoir à Osiris le bienfait de cultiver les fruits, et à sa femme, Isis, celui de faire produire à la terre, en la cultivant, le blé, l'orge et les autres grains. — Les Grecs ont adoré Cérès comme leur ayant enseigné l'usage de l'agriculture, et comme protectrice de Triptolème, qui leur avait appris à labourer. C'est à ce titre de déesse de l'agriculture qu'ils lui décernaient de grandes fêtes appelées grands et petits Mystères. On célébrait tous les ans les grands Mystères dans la ville d'Eleusis, et tous les cinq ans les petits dans celle d'Athènes.

Le vin était considéré dans ces temps reculés, ainsi qu'il l'est dans le nôtre, comme le complément du pain, parce qu'ils constituent, à eux deux, les substances les plus naturelles de la nourriture humaine. Les païens attribuèrent l'invention de planter la vigne à Bacchus, fils de Jupiter, et lui donnèrent le titre de dieu du vin. On célébrait des fêtes en son honneur dans toutes les provinces de la Grèce, notamment dans la Béotie et dans l'Attique. Les femmes, auxquelles le vin fait perdre plutôt la raison qu'aux hommes, étaient partout, sous le nom de *Bacchantes*, les prêtresses de son culte démoralisant. On comptait quatorze bacchantes à Athènes, où l'ordre moral de cette ville civilisée les forçait à se maintenir dans les bornes d'une certaine retenue. Dans la Béotie, les bacchantes célébraient les fêtes des *Bacchanales* ou fêtes de Bacchus, de deux années l'une sur le mont Parnasse, célèbre dans notre littérature classique, et tous les trois ans sur le mont Cithéron. Elles se livraient, sur ces deux montagnes, aux orgies les plus effrénées, surtout la nuit ; elles couraient le pays couvertes de peaux de lions et de tigres, les cheveux épars, portant dans leurs mains les unes des *thyrses*, les autres des flambeaux, en faisant retentir les airs de leurs clameurs, par l'excès le plus abusif d'une joie folâtre, scandaleuse, désordonnée. — Le nom de bacchante a traversé les âges, en portant jusqu'à nous attachée à cette expression, l'idée d'une femme ivre, furieuse, dégradée, au point qu'on n'en voit heureusement aucune de semblable dans l'état de notre civilisation actuelle.

Dans le mois de *janvier*, ou mois égyptien qui y correspondait, on célébrait en Egypte la sortie de Phénicie de la déesse Isis.

Pendant le même mois, les Ioniens célébraient la fête des *Ambroisies* en l'honneur de Bacchus.

Le mois de *mars* lui était également consacré par les Athéniens qui lui offraient une grande fête, comme faisaient plusieurs autres villes de la Grèce ; on nommait ces fêtes : *Dionysiaques*.

Les Egyptiens faisaient fête, vers le milieu de ce mois, pour consacrer l'entrée d'Osiris dans la lune, et honoraient par des jeux la mémoire de leur dieu agricole.

Dans le mois *d'avril*, on célébrait à Eleusis les grands Mystères de Cérès.

On célébrait encore à Athènes les *Canéphories*, en l'honneur de Bacchus : les vierges y portaient des corbeilles d'or, d'où cette fête tira son nom.

Le 12 du mois de *mai*, les Athéniens célébraient une fête en l'honneur de Cérès et de Proserpine, sa fille.

Dans le mois de *juin*, les Béotiens célébraient la fête de l'*Hippodromie* ou course des chevaux.

Les grands Mystères de Bacchus étaient célébrés dans le mois d'*août* chez les Grecs et chez les Alexandrins.

Le 6 du mois de *septembre*, les Athéniens célébraient une fête en l'honneur de Cérès, fête qu'ils nommaient : *Thesmophories*, et le 7, 8 et 9, les *Apaturies*, fête de trois jours en l'honneur de Minerve, leur déesse nationale, qui les avait enrichis de l'olivier. Ils célébraient enfin dans ce mois de *septembre*, la fête des *Maimactères* en l'honneur de Jupiter *furieux*, pour le prier de détourner les orages qui détruisaient leur récolte d'huile.

Indépendamment de ces fêtes, fixées à des mois et à des jours précis, il en était d'autres dont l'ordre des époques et des jours n'était pas exactement établi, ni dans la Grèce ni en Égypte : nous faisons la même observation au sujet des fêtes de Rome dont nous parlerons dans le chapitre IX.

CHAPITRE VIII

L'AGRICULTURE A ROME.

Romulus, fondateur de Rome, l'an du monde 3253, ne permit aux citoyens romains, dont il fut le législateur et le premier roi, que deux occupations : la première était la culture de la terre, qui donne le pain, qui *fonde*, qui produit tout ce qui est matériel; la seconde fut l'exercice des armes pour conserver ce que la terre *fondait*. Les esclaves, dont les droits de la guerre et de la conquête firent jouir plus tard les Romains, ne furent pas admis d'abord aux deux nobles professions des citoyens : *cultiver et porter les armes*. Les travaux mécaniques, considérés comme humiliants alors, furent les seuls permis ou imposés aux premiers esclaves. Tant que les Romains, religieux d'abord, cultivateurs et guerriers ensuite, restèrent dans les préceptes de leur institution religieuse, agricole et guerrière, ils marchèrent vers l'empire du monde, dont ils devaient jouir plus tard ; mais quand les richesses de l'Asie, richesses dont ils s'emparèrent après leurs victoires, les eurent corrompus ; quand ils comptèrent l'or et le luxe de l'Asie pour des biens suprêmes, leur vertu dégénéra, leur religion s'affaiblit, leur caractère se dégrada, leur patriotisme s'amoindrit ; au lieu de cultiver la terre, comme avaient fait leur ancêtres, ils la firent travailler par des esclaves, qu'ils admirent aussi dans leurs légions victorieuses. Leur décadence commença et empira dès lors, peu à peu, jusqu'à ce qu'ils fussent visités et vaincus par les Goths, les Huns, les Vandales et autres peuples qui les détrônèrent de la puissance colossale que leurs pères avaient acquise.

Numa Pompilius, second roi de Rome, était occupé à la culture de sa terre quand il fut élu roi ; mais son élection ne l'empêcha pas de rester fidèle au souvenir de sa noble profession. Il visitait, il encourageait les cultivateurs, et leur enseignait les meilleures méthodes. Ce fut lui qui ordonna de limiter chaque propriété territoriale par la plantation de grosses pierres qu'il appela *bornes*. Numa trouva la tranquilité des cultivateurs si précieuse et si bien assurée à l'abri de ces *bornes*, qui garantissaient leurs propriétés, qu'il en fit une divinité dont il prescrivit de célébrer la fête tous les ans en l'honneur du dieu Terme.

Cincinnatus, élu consul une fois, et dictateur deux fois, apaisa une sédition à Rome, vainquit les ennemis deux ans plus tard, et se retira toujours à la campagne, pour y continuer la culture de son bien, sans avoir voulu conserver le pouvoir ni recevoir aucune récompense nationale pour les grands services qu'il avait rendus à la patrie.

Curius Dentatus Manius était un petit cultivateur qui reçut néanmoins trois fois les honneurs du triomphe. Il possédait une petite maison rustique, à laquelle était joint un modeste héritage. C'est dans cette maison que les ambassadeurs des Samnites, envoyés vers lui par le sénat romain, le trouvèrent assis sur un banc de bois faisant cuire des légumes. Ces Samnites, qu'il avait vaincus plusieurs fois sur le champ de bataille, le voyant dans cette pauvreté, crurent pouvoir le toucher en lui offrant de l'or; mais il leur répondit que le cultivateur qui récolte pour les besoins de son existence, comme il faisait, n'avait nul besoin de posséder de l'or. Heureuse simplicité des mœurs de cette époque et de la vertu d'un tel homme !

Caton l'Ancien, appelé le Censeur, possédait une

propriété rurale près de la petite métairie que Curius Dentatus Manius avait illustrée par ses travaux rustiques. Caton, beaucoup plus riche, allait s'y promener quelquefois et s'y inspirait des vertus nobles, sobres et laborieuses de cet intrépide guerrier, homme d'État et cultivateur. Stimulé par le souvenir tout récent encore de la vie publique et privée de cet ancien voisin, mort depuis peu, Caton allait plaider le matin à la ville pour ses clients, et, au retour, il prenait des habits de cultivateur, travaillait avec les ouvriers de son domaine, et occupait le soir avec eux une place à la table commune.

Régulus, qui fut deux fois consul, qui gagna, avec son collègue Manlius, la fameuse bataille navale d'Ecnome sur les Carthaginois, qui supporta si noblement ensuite une longue détention à Carthage, où ses barbares ennemis le torturèrent, n'ayant pu le corrompre, Régulus, dont le nom personnifie une des grandes illustrations de l'histoire romaine, Régulus, enfin, aussi simple dans la vie privée qu'il fut héroïque et grand dans la vie publique, était occupé à ensemencer son champ, quand deux officiers de Rome allèrent lui apporter la nouvelle de sa deuxième nomination au consulat.

Ovide, l'un des trois grands poëtes de Rome,

après avoir acquis une fortune considérable par ses talents, dédaignait de briller à Rome dans la haute société, dont il faisait partie avant son exil, et préférait la vie tranquille du cultivateur, dans sa campagne de Tibur.

CHAPITRE IX

DIEUX ET FÊTES MYTHOLOGIQUES DES ROMAINS, EN L'HONNEUR DE L'AGRICULTURE.

Les Romains croyaient que Saturne porta l'*âge d'or* en Italie, que ce fut lui qui civilisa les Italiens, leur donna des lois et des préceptes de morale. Plusieurs auteurs ont cru que Saturne a été ainsi nommé du mot latin *satus*, qui signifie l'action de semer et de planter, comme ayant été le premier qui enseigna l'agriculture en Italie ; c'est pour cette raison qu'on le représenta avec une faux, instrument le plus actif des moissons et des fourrages. Les Romains lui érigèrent un temple vers l'an 257 de Rome, et commencèrent, dès cette époque, à célébrer les *Saturnales* en son honneur. Les citoyens libres y traitaient les esclaves, prenaient place avec eux à la même table, en signe de l'égalité que *l'âge d'or* avait établie dans la société des hommes. Ce temps de l'âge d'or, doux mensonge des poëtes qui ne l'ont point vu, a fait dire à Gresset :

> « Tous ceux qui m'en offrent l'image,
> Se plaignent d'être nés après. »

C'est dans ce temps, ou deux années après, l'an de Rome 259, que les cérémonies des fêtes de Cérès, originaires de la Grèce, furent introduites à Rome. Les fêtes de cette divinité furent bien accueillies par les Romains, qui représentèrent Cérès avec une couronne d'épis de blé sur la tête, un bouquet d'épis encore dans sa main droite, et un flambeau dans sa main gauche.

On construisit à Rome deux temples à Bacchus dans deux quartiers séparés, temples dans lesquels on le représentait la tête ceinte d'une couronne de pampres avec des grappes de raisins, portant à la main un thyrse orné de feuilles de vigne : un bouc était étendu à ses pieds, parce qu'on lui offrait cette bête en sacrifice, à cause du dommage que sa dent meurtrière portait à la végétation des vignes. Dans certains tableaux on figurait le dieu sur un char de triomphe, traîné par des panthères ou des tigres, animaux qui lui étaient consacrés comme l'emblème des hommes les plus violents, domptés par la vapeur du vin qui leur enlève la raison, la force et le sentiment. — Le sénat, instruit que les *Bacchanales* de la Grèce commençaient à pénétrer dans la ville de Rome sous le nom *d'orgies*, rendit un édit pour en limiter la licence en les maintenant dans une réserve modérée.

Les Romains, le peuple le plus religieux des païens, célébraient le **24** du mois de *janvier* la fête des *Semailles*, que l'on appelait à la campagne : *Paganales*.

On célébrait à Rome, dans le mois de *février*, la fête des *Forcanales*, en mémoire de la découverte du degré de chaleur nécessaire aux fours pour sécher le blé sans le brûler, et faciliter sa trituration dans des mortiers ou dans des moulins à bras, dont on s'est servi jusqu'au règne de l'empereur Honorius, vers l'an **400** de l'ère chrétienne [1].

---

[1] Quoique l'on trouve l'existence des moulins dans l'*Exode*, dans les *Juges*, dans l'*Odyssée*, dans l'*architecture de Virtruve*, il parait que c'étaient des moulins portatifs que l'on faisait mouvoir à bras

Le **23** *février*, c'était la fête des *Terminales*, qui garantissait les propiétés rurales des tentatives d'usurpation, par l'emploi des bornes qui en marquaient les limites.

Le **12** *avril*, on célébrait les jeux de Cérès dans le grand cirque pendant huit jours. Les dames romaines, vêtues de blanc, représentaient la déesse de l'agriculture cherchant sa fille avec un flambeau.

Le **20**, fête *Pallilienne*, célébrée en l'honneur de la déesse des pasteurs, Palès; c'était une grande solennité dans les environs de Rome, parce que les dieux qui protégaient les bergers, les laboureurs et autres cultivateurs, avec les produits indispensables de leur profession, étaient les dieux les plus vénérés.

Le **25**, les *Rubigales* pour préserver les céréales

d'homme, avec des ânes ou des chevaux, comme l'on fait maintenant encore pour l'huile et le cidre. Sous l'empereur Honorius, parvenu à l'empire, l'an 395, on en établit de permanents sur des ruisseaux; mais ce ne fut que l'an 537, que Bélisaire, en défendant Rome contre les Goths, en fit construire sur le Tibre avec bateaux, en attendant que la science parvint à les établir à demeure sur les fleuves et les rivières.

Le premier moulin à vent, originaire de l'Asie, premier pays habité, fut construit en France, l'an de notre ère 1705, par une communauté religieuse autorisée par un diplôme.

de la rouille, qui en altère la qualité et en diminue la quantité.

Le quatrième jour des calendes de *mai*, les Romains célébraient la fête des *jeux floraux* pendant trois jours, pour obtenir de bonnes récoltes et demander aux dieux le rétablissement des saisons normales qui les favorisent.

Le 12 du mois de *juin*, fête des *Chronies* en l'honneur de Saturne.

Le 10 *août*, fête en l'honneur des deux déesses, Ops et Cérès, sa fille.

Le 21, les *Vinales rustiques*; et le lendemain, la fête des chasseurs qui recherchaient les animaux destructeurs des céréales.

Le 23 *septembre* on célébrait la fête des *Méditrinales* dans laquelle le prêtre du dieu Mars buvait du vin nouveau, pour la première fois de l'année, et disait, en le buvant : « Je bois du vin nouveau, et par ce vin je guéris une vieille maladie. »

Enfin, le 17 du mois de *décembre*, on célébrait les *Saturnales* en l'honneur de Saturne, qui avait enseigné l'agriculture aux Italiens.

CHAPITRE X

TRADUCTION, ANALYSE ET PRÉCIS DES TRAVAUX
ET DES JOURS D'HÉSIODE.

Il vaut mieux être méchant que juste, disent les hommes pervers, puisque l'homme juste a un sort moins heureux : non, je ne croirai jamais que le dieu qui lance la foudre permette que l'injustice obtienne cet avantage.

Les poissons, les monstres des forêts et les oiseaux du ciel se dévorent, parce que la justice n'a pas été créée pour eux; mais elle l'a été pour les hommes comme le plus grand des biens. Celui qui est irréprochable connaît ce qui est juste et l'observe de tout son cœur.

Celui-là est sage qui sait tout par lui-même, qui considère la fin de tout ce qu'il entreprend, qui obéit aux conseils prudents.

Celui-là est insensé qui, ne connaissant rien par lui-même, n'écoute pas les conseils d'autrui.

Travaillez, afin que la famine fuie loin de vous, que Cérès vous chérisse, que des moissons abondantes remplissent vos greniers; car la famine est la compagne des paresseux.

Les dieux et les hommes haïssent celui qui vit oisif, semblable aux guêpes avides et inutiles qui dévorent le miel que les abeilles laborieuses se fatiguent à ramasser.

Mets tes soins à te livrer à des travaux utiles qui emplissent tes greniers l'été et l'automne, et tes caves en hiver.

Le travail féconde les champs et enrichit les mortels. — Celui qui travaille est chéri de tous les hommes honorables. — Le paresseux est en horreur à tous. — L'activité est louable, l'oisiveté honteuse.

L'homme oisif envie l'opulence de l'homme laborieux, mais la gloire est la récompense de la vertu.

Ne regarde point d'un œil envieux les possessions de ton voisin. Pense à t'assurer la subsistance par le travail, c'est le conseil que je te donne [1].

La crainte de tomber dans l'indigence et une juste confiance produisent le travail qui donne l'abondance.

Ne te charge pas des biens usurpés, ceux que l'agriculture nous donne sont les meilleurs.

---

1 Ce conseil était adressé par Hésiode à son frère.

Lorsque tu entres dans ta couche pour passer la nuit, et lorsque la sainte lumière du jour s'élève sur l'horizon, souviens-toi de demander aux dieux un cœur pur et joyeux, de te mettre en état aussi d'acquérir le champ d'autrui et de ne pas être forcé de vendre le tien.

Emprunte à ton voisin et rends-lui avec fidélité la même mesure, et plus, si tu peux, afin de le retrouver dans le besoin.

Abstiens-toi des gains injustes, de tels profits sont des pertes.

Peu ajouté à *peu*, mais fréquemment, forme une masse énorme. Celui qui accumule le surplus évite la triste famine.

Ce qui est renfermé dans la maison ne donne pas de soucis; mais ce qui est dehors est bien fait pour en donner, parce que c'est facilement enlevé ou gâté.

Il est bon d'user modérément de ce qu'on a. Il est dur de manquer du nécessaire; pour ne pas en être privé, sois actif et rangé : le désordre est le fléau de la famille.

Si tu désires la richesse, suis mes conseils : fais succéder tes travaux à d'autres travaux, suivant les saisons qui les exigent.

Allége-toi d'une partie de tes vêtements pour labourer, semer et moissonner.

Aie soin de recueillir les dons de Cérès quand ils sont mûrs, car un délai inutile peut te devenir funeste. — N'ajourne pas au lendemain ce que tu peux faire aujourd'hui ; celui qui diffère est puni de sa négligence.

Fais ton possible pour ne pas être forcé de demander aux autres, qui pourraient te refuser, les choses nécessaires que tu peux te procurer par une louable activité.

Quand les chaleurs de l'été sont passées, que les rayons du soleil sont devenus plus faibles, que les pluies de l'automne rafraîchissent l'air, n'épuise plus ton corps par une transpiration forcée ; tu vas jouir du fruit de tes travaux champêtres.

Que ton épouse soit formée par tes soins aux sages coutumes de nos pères ; préfère celle qui demeure près de toi ; regarde de tous côtés, apporte à ce choix toute l'attention dont tu es capable. Il n'est aucun bien préférable à une bonne femme. Il n'est rien de plus funeste qu'un mauvais choix.

Rends un culte religieux aux dieux immortels ; aie en horreur le mensonge, même dans les jeux.

Que l'air de ton visage ne démente jamais ta pensée. Ne cherche pas à multiplier tes hôtes, et cependant qu'on ne puisse pas dire que quelqu'un ne jouit pas chez toi des droits de l'hospitalité.

Ne sois ni le compagnon des méchants, ni le ca'omniateur des bons.

N'ajoute pas à l'affliction du pauvre en lui reprochant son indigence; c'est un fléau qui lui est envoyé par les dieux qui t'en ont préservé.

La grâce du discours consiste à dire tout et à ne dire que ce qu'il faut. : si tu dis du mal d'autrui, tu dois apprendre bientôt qu'on en dit davantage de toi.

Garde une exacte modestie dans toutes tes actions de jour et de nuit ; car les nuits appartiennent aux dieux. Respecte-toi jusque dans ta maison, près de ton foyer.

Respecte aussi l'opinion des hommes. La mauvaise réputation est un pesant fardeau ; elle vole de bouche en bouche, les hommes la répandent, l'opinion publique ne la dissipe jamais entièrement, la renommée est une déesse qui ne meurt pas.

CHAPITRE XI

GÉNÉRALITÉS PRISES DANS L'HISTOIRE DES PEUPLES ÉTRANGERS.

L'agriculture a précédé toutes les autres choses, l'usage du cuivre, de l'or et de l'argent n'est venu qu'après. C'est par les produits de l'agriculture que le commerce a commencé, parce qu'on fit des échanges; d'abord avec les grains et avec les animaux. Les besoins toujours croissants de la société en progression, obligèrent de multiplier les échanges, de les transporter, et d'avoir recours ainsi aux valeurs métalliques, à des signes monétaires. C'est sous Servius Tullius, sixième roi de Rome, que la première monnaie de cuivre fut frappée dans cette ville. Vers l'an du monde 3428, et 572 ans avant Jésus-Christ, correspondant à l'an 175 de Rome, Servius Tullius fit graver sur cette première monnaie la figure d'une brebis. La monnaie porta donc d'abord, avec la figure de la brebis, le signe caractéristique d'une des premières branches de l'agriculture. Avant ces temps reculés, les peuples les plus anciens tels que les Chinois, les Égyptiens, les Perses, les

Grecs, paraissent avoir fait leurs échanges en substituant, pour plus de commodité, aux grains et aux animaux, premiers éléments forcés de commerce et de civilisation, des lingots de fer, de cuivre, d'or et d'argent, mais sans la forme monétaire qu'on trouva plus tard.

— Le respect et la vénération pour l'agriculture datent aussi de la plus haute antiquité connue ; tous les peuples l'ont honorée, pratiquée et vengée même des atteintes involontaires dont elle a pu être l'objet, comme cela ressort de la citation suivante :

On lit dans l'*Exode*, second livre du Pentateuque, de Moïse — xii, 5 — : « Si quelqu'un occasionne, « dans un champ ou dans une vigne, un dommage « quelconque, en y laissant aller sa bête, il donnera « ce qu'il aura de meilleur de son champ ou de sa « vigne, pour payer l'estimation qui en aura été « faite. »

Chez les Assyriens et chez les Perses, on récompensait les satrapes dans les gouvernements desquels on trouvait les terres les mieux cultivées.

Un des principaux dieux des idolâtres Égyptiens fut le dieu Apis ; c'était un bœuf, symbole de l'agriculture.

Les Athéniens défendirent, par une loi, de tuer les bœufs employés au labourage. Il n'était même pas permis chez eux d'immoler ces bœufs vénérés, pour les sacrifices religieux.

L'empereur Pertinax, qui ne fit que passer sur le trône de Rome, voulut que le champ resté en friche appartînt à celui qui le défricherait, et qu'il fût exempt de toute contribution pendant dix ans. L'empereur Aurélien ordonna aux municipalités de distribuer les terres incultes et abandonnées à ceux qui les demanderaient.

Constantin le Grand, premier empereur chrétien, défendit à tout créancier de faire saisir les esclaves qui travaillaient les champs, les bœufs, et tout ce qui servait à l'exploitation rurale des débiteurs. Il voulut aussi que le laboureur indigent fût à l'abri des poursuites du fisc.

Il y eut un temps où l'habitant des campagnes était tenu de fournir des chevaux de poste aux courriers et des bœufs aux voitures publiques; Constantin fit exempter de cette charge les bœufs et les chevaux servant au labourage.

A l'époque du Bas-Empire, ou décadence de l'empire romain, les campagnes de l'Illyrie étaient désolées par de petits seigneurs, qui exigeaient des corvées des laboureurs et des cultivateurs; mais les deux frères Valentinien et Valens, associés fraternellement à l'Empire, mirent un terme à cet abus, en prescrivant la peine de l'exil et la confiscation des biens contre les seigneurs exacteurs.

Les empereurs Théodose et Arcadius, son fils, n'accordèrent que deux ans aux propriétaires des champs, pour en réclamer la restitution de ceux qui en auraient pris possession pour les faire valoir. — Le grand principe de respect, dans notre civilisation, pour la propriété foncière, a fait maintenir dans le code Napoléon, art. 2262, l'ancienne prescription trentenaire, en faveur de ceux qui possèdent des biens délaissés, n'importe pour quelle cause ; mais après ce laps de temps, le possesseur en devient légitime propriétaire.

Le 26e canon du concile général de Latran, tenu en 1179, décréta l'excommunication contre tous ceux qui troubleraient les semences, le labourage, le bétail, et molesteraient les laboureurs ou les priveraient de la sécurité qui leur est nécessaire pour leurs travaux.

Alexandre II, roi d'Écosse, promulgua un édit, en 1214, qui prescrivait aux laboureurs de commencer leurs travaux avec des bœufs ou des vaches, quinze jours avant la *Chandeleur* [1] ; et aux pauvres privés d'animaux, de travailler leurs terres de leurs pieds et de leurs mains, afin de se nourrir, avec leurs familles, du produit de leurs travaux champêtres,

Le gros bétail n'était pas abondant en Angleterre, au commencement du règne d'Élisabeth, ce qui fit rendre une loi, en 1563, qui défendait l'usage de la viande du bœuf et du veau, le mercredi et le vendredi. Les malades ne furent pas exempts de cette prescription. Une disposition de cette loi faisait remarquer que la prohibition imposée ne provenait pas d'un principe religieux, mais d'une nécessité d'*économie politique*.

CHAPITRE XII

GÉNÉRALITÉS PRISES DANS L'HISTOIRE DE FRANCE.

Les produits de l'agriculture pouvant seuls fournir, par leur diversité, non-seulement aux besoins

[1] Fête commémorative de la Purification de la sainte Vierge et de la présentation de Jésus au temple, appelée vulgairement *Chandeleur* parce qu'on y allume des bougies : établie vers le vi⁰ siècle.

de première nécessité, mais encore aux besoins secondaires des nations, ces produits, et ceux qui les ont obtenus du sol, ont été, dans tous les temps et chez tous les peuples, l'objet de la protection des lois et des gouvernements, ainsi que nous venons de le remarquer, dans le chapitre précédent, par quelques exemples de l'histoire générale, exemples auxquels nous allons en ajouter quelques autres, pris dans l'histoire de nos mœurs françaises anciennes et nouvelles.

Charles IX rendit un édit à Moulins, au mois de février 1566, pour ordonner que toutes les terres vagues, prés, palus et marais, non occupés, et comme tels, faisant partie du domaine de l'État, seraient délivrés à perpétuité, moyennant un cens, aux personnes qui en feraient la demande : attendu, portait l'édit, que le fondement de tout État bien organisé est la culture de la terre.

Charles IX et Henri III, dans les États de Blois et d'Orléans, mirent un frein à la licence des seigneurs de leur époque, en leur défendant de chasser sur les terres ensemencées et dans les vignes de leurs vassaux, depuis le 1er du mois de mars jusqu'après les vendanges.

Henri III rendit un édit, en 1586, portant que

quiconque déroberait du bétail serait pendu.

Henri IV, par un édit rendu à Paris, le 16 mars 1595, ordonna qu'il ne serait fait aucun arrêt, ni saisie, ni transport de main mise, sur les bœufs ou autres bêtes et ustensiles des laboureurs, des vignerons et travailleurs attachés à la culture des terres. Il ordonna de plus la mise en liberté immédiate de tout ce qui pourrait être détenu ou saisi pour ce motif en faveur de l'État ou de tout autre créancier.

Ce même roi, pénétré de la tolérance de l'Évangile, qui permet de retirer une brebis d'une fosse, et un bœuf ou un âne d'un puits, le jour du sabbat, rendit un édit, renouvelé par Louis XIII, son fils, et deux fois par Louis XIV, qui reconnaissait l'urgence, dans certains cas, de travailler à la récolte le jour même du dimanche.

La mémoire du roi Henri IV frappé d'une mort prématurée est restée populaire en France pour avoir le premier exprimé le désir de voir le laboureur dans un état assez heureux pour mettre, tous les dimanches, une *poule au pot*.

C'est sous le règne de ce roi si bon et si grand, que vécut le fidèle ministre Sully, partageant, à ce sujet, les sentiments paternels de son souverain, sentiments qui lui faisaient favoriser l'agriculture et les agriculteurs autant que cela dépendait de lui. Si l'un d'eux s'est immortalisé par le vœu de la *poule au pot*, l'autre s'est rendu célèbre, on peut dire aussi, par cette maxime si simplement et si heureusement exprimée : « *Le labourage et le pâturage sont les deux mamelles de l'État.* »

Il existe environ onze cents Sociétés d'agriculture ou autres de ce genre en France, lesquelles ont commencé par une seule d'abord, créée en Bretagne l'an 1757 : quatre ans plus tard, on en comptait déjà trente.

Un ordre du jour — du 3 fructidor an VIII — 22 juillet 1800 — du général en chef Menou, en Égypte, remplaçant le général Bonaparte, devenu premier consul, créa une commission d'agriculture pour surveiller un jardin public dans la ville du Caire, et y faire cultiver les graines arrivées de France, en multiplier les espèces utiles, perfectionner la culture des indigènes, et améliorer, par les pratiques connues en Europe, les fruits que le pays produisait, pour diriger enfin toutes les expériences de physique végétale qui pourraient être faites.

On ne peut faire un pas dans la lecture de l'histoire

universelle et nationale, sans reconnaître l'intérêt que l'agriculture a inspiré aux gouvernements institués par la Providence, pour veiller à l'alimentation, à la direction et au bien-être des peuples.

CHAPITRE XIII

FÊTE DE L'AGRICULTURE SOUS LE DIRECTOIRE.

La fête de l'agriculture, célébrée dans toutes les communes de France, le 10 messidor an IV — 28 juin 1796 — le fut aussi à Paris, avec une grande solennité. La moitié de l'enceinte du Champ-de-Mars, pavoisée et drapée, y avait été affectée, au moyen d'une élégante barrière, aux deux extrémités de laquelle s'élevaient deux taureaux blancs sculptés, de grandeur colossale et d'une superbe exécution.

Le président du département, les administrateurs, les commissaires du Directoire exécutif, les membres des différentes municipalités, tous les Corps constitués étaient placés sur une éminence

qui portait l'autel de la patrie ; derrière étaient placés les artistes qui composaient l'orchestre.

Un char antique, attelé de deux bœufs presque
blancs, aux cornes dorées et garnies de bandelet-
tes, de feuillage et de fleurs, portait une charrue
d'or. La Liberté, assise sur un autre char plus grand,
plus élevé, et attelé de huit bœufs marchant quatre
de front, entourée des attributs de l'agriculture,
de fleurs, de gerbes, et ombragée d'un chêne vert,
avait à ses pieds deux jeunes vierges occupées à
brûler des parfums,

Les deux chars partirent de l'École militaire,
firent le tour de l'enceinte, précédés de troupes,
entourés de jeunes filles vêtues de banc, couron-
nées de guirlandes, portant dans leurs mains des
corbeilles de fleurs et de fruits. Un corps de musique et les autorités constituées venaient ensuite.
La marche était fermée par des escadrons de ca-
valerie.

Arrivés à l'autel de la patrie, le président du
département prononça un discours. Des hymnes
furent chantés après. Deux laboureurs furent pré-
sentés comme modèles d'intelligence et de bonne
conduite, et reçurent, à la proclamation de leur
nom, une couronne civique des mains du prési-

dent, qui, accompagné par eux et précédé d'un militaire, traça un sillon autour de l'autel, au son de mille instruments de musique et des applaudissements des spectateurs.

CHAPITRE XIV

COMICES AGRICOLES, CHAMBRES D'AGRICULTURE, ETC., ETC.

Bien que tous les peuples connus dans l'histoire des siècles aient honoré et pratiqué l'agriculture, la France peut s'enorgueillir de dépaser tout ce que les anciens ont fait à ce sujet, et de guider, par toute l'instruction agricole qu'il est possible de répandre, les peuples modernes dans la voie du progrès qui doit donner un bien-être nouveau à tous les hommes laborieux, dignes de l'acquérir.

Les Sociétés savantes d'agriculture se multiplient chez nous dans une proportion toujours croissante. Le dernier recensement officiel, de décembre 1862, porte les Comices agricoles au nombre de 572 ; les Chambres consultatives d'agriculure, à celui de 373 ; les Sociétés d'agriculture, au nombre de 128, et celles d'horticulture, à celui de 34 ; reste une vingtaine de sociétés pour la question séricicole, la médecine vétérinaire, la protection des animaux, l'arboriculture, la viticulture, l'amélioration de la race chevaline, la production linnéenne, l'acclimatation, etc., etc.

Les Chambres d'agriculture et les Comices agricoles sont constitués administrativement, en vertu de la loi du 20 mars 1851, qui reconnaît légales les institutions de ce genre fonctionnant alors, et prescrit en outre qu'il sera établi une Chambre d'agriculture dans chaque chef-lieu de département, et un ou plusieurs Comices agricoles dans chaque arrondissement.

Ces établissements, fondés pour faciliter, encourager et diriger les progrès de l'art agricole, reçoivent la protection de l'État pour leurs utiles et paisibles travaux ; ils joignent aussi, aux fonds provenant de leur constitution, ceux du gouvernement, destinés à stimuler le zèle et à reconnaître les services des personnes qui se distinguent dans la culture par l'emploi des meilleures méthodes, l'intelligence des assolements, la multiplication des engrais, le perfectionnement des instruments ara-

toires et l'amélioration des races de tous les animaux de croît et de travail.

Les Sociétés d'agriculture, autorisées et proté-
gées aussi par les gouvernements qui se sont suc-
cédé, se sont fondues, en bonne partie, à l'époque
de la révolution de 1848, dans les Comices agricoles des départements, des arrondissements et
des cantons; celles qui se sont maintenues, conti-
nuent, par leur dévouement et leurs moyens par-
ticuliers, de se vouer au progrès incessant dont
notre temps développe tous les jours les heureux
résultats.

On ne peut évaluer, même approximativement,
quelle mesure de bien, de ressources alimentaires
et autres, doit produire cette large organisation de
Chambres, de Comices officiels et de Sociétés autorisées. — L'honorabilité, la science, le zèle, la
fortune, distinguent les hommes qui composent
ces institutions scientifiques que, plus heureux que
nos pères, nous avons le bonheur de voir fonc-
tionner aujourd'hui sur tous les points de notre
belle patrie. — Les exemples se multiplient de
toutes parts, autour de nous, pour accélérer le
perfectionnement dont l'agriculture est susceptible.
Des magistrats respectables, des écrivains éminents,

des publicistes célèbres, des hommes politiques de la plus grande valeur, descendent dans nos Comices pour les éclairer du flambeau de la science qu'ils possèdent, les guider par l'autorité de leur haute renommée, et les convaincre par la foi qu'ils ont eux-mêmes dans l'importance et l'avenir de l'agriculture.

CHAPITRE XV

LA VILLE.

Paris est pour un riche un pays de Cocagne;
Sans sortir de la ville il trouve la campagne,
Il peut dans son jardin tout peuplé d'arbres verts,
Recéler le printemps au milieu des hivers.

Cette situation du riche, dans Paris, tracée par la plume élégante de Despréaux, peut s'appliquer non-seulement aux personnes riches de cette grande capitale, mais encore à celles de toutes les villes un peu considérables, où les heureux du monde se trouvent en nombre inégal, et proportionné généralement à l'importance relative des grands centres de population qu'ils habitent. Rien de plus séduisant, sans doute, que cette situation présentée, dans quatre lignes, par une main de maître ; mais la médaille a bien un revers aussi, qu'il est permis d'examiner, afin de reconnaître et d'apprécier la grande différence de ces deux faces.

Les trois quarts de ceux qui paraissent riches, dans les villes, ne le sont pas, car ils font plus qu'ils ne peuvent dans l'usage de l'opulence dont on les voit jouir avec éclat. Les uns exploitent l'espérance d'un avenir qui doit leur donner, selon leurs rêves, la gloire et l'aisance, et ne voient arriver jamais ni l'une ni l'autre. — D'autres y dévorent les restes d'une fortune patrimoniale péniblement acquise par des parents plus économes qu'eux. — Ceux-là dépensent tous les jours le bien d'autrui qu'une confiance imprudente a malheureusement engagé dans leurs mains. — Ceux-ci gaspillent aujourd'hui le produit d'une opération heureuse hier, que la roue aventureuse de la fortune doit leur reprendre au delà du chiffre dont elle les a éblouis. — Quelques riches du jour, le quart peut-être, possèdent une fortune réelle qu'ils ont le bon sens de conserver en quittant la ville tous les ans, au premier gazouillement de l'oiseau des champs, pour revenir à la campagne jouir de ses attraits, et fertiliser leurs domaines en stimulant le zèle de ceux qui les travaillent.

Ne désirez pas la position en apparence heureuse de ceux qui vivent à grand fracas dans le tumulte des cités ; nous avons vu de nos yeux et connu personnellement un très-grand nombre de ceux qui remuaient l'or à pleines mains, ou des marchandises le représentant, et qui, sauf quelques rares exceptions, sont tombés dans la misère, après avoir, la plupart forfait à l'honneur, ruiné et désespéré leurs actionnaires.

Les enfants des classes laborieuses ne peuvent fonder de grandes maisons de commerce ni d'industrie, maisons qui les écraseraient, si elles tombaient, comme il en tombe plus ou moins par l'effet de diverses catastrophes ; ils ne le peuvent point parce que leurs faibles moyens de fortune sont trop insuffisants pour les établir. en même temps que leur instruction simplement élémentaire, serait insuffisante pour les rendre propres à les diriger et à les conserver. Ce que peuvent les enfants des classes laborieuses, presque toutes peu aisées, c'est de travailler et vivre bien ou mal en travaillant, selon leur degré d'aptitude, leur zèle, leur application, leur ordre, leur sagesse, leur conduite. Malheureusement pour les enfants des villes, presque tout les éloigne de ces qualités précieuses, indispensables à l'homme pour vivre honorablement, d'abord, pour bien vivre dans l'acception matérielle du mot, ensuite.

Les enfants, dont nous parlons, demeurent en quelque sorte étrangers à leurs pères et mères, à leurs frères et sœurs ; ils sont, dès l'âge le plus tendre, déposés dans des *crèches publiques*, puis dans des *salles d'asile*, pendant que leurs parents travaillent pour les nourrir. Admis plus tard aux écoles, toujours séparés les uns des autres par l'effet d'une nécessité morale et d'ordre public, ils arrivent ainsi à l'époque de leur première communion, ayant à peine connu le sentiment, l'intimité, les douces affections de la famille et de la nature. Passé ce grand acte de la vie, ils sont remis, pour apprendre un métier, à des maîtres plus ou moins bons, plus ou moins avides de spéculation.

Entrés dans l'adolescence et devenus ouvriers, ces jeunes gens, peu retenus d'abord, émancipés entièrement ensuite, usent souvent au jour du repos, dans une licence énervante, toute la vigueur dont une bonne constitution a pu les favoriser, toute la moralité dont l'instruction élémentaire qu'ils ont reçue a pu les doter.

Il va sans dire que la femme, la dernière, la plus utile et la plus intéressante des œuvres de la création, destinée par la Providence à devenir la mère, la fille, la sœur, la compagne inséparable de l'homme, doit nourrir son esprit, pénétrer son âme, embaumer son cœur et sa foi des aspirations nobles de l'homme vertueux assis à côté d'elle, et malheureusement éprouver aussi le reflet contagieux des mauvais instincts du père, du fils, du frère, de l'époux, auxquels son goût, sa volonté, son caprice ou la fatalité l'auront inévitablement liée.

CHAPITRE XVI

LA CAMPAGNE.

La classe laborieuse, qui ne possède que peu ou point de fortune, se partage le travail de la campagne et celui de la ville. Nous avons exposé quelques considérations dans le chapitre précédent sur les inconvénients de la ville, sur le peu de bonheur véritable des ouvriers qui l'habitent, sur le danger qu'ils y courent presque toujours, sur la déconsidération qui les frappe par une solidarité quelquefois plus fatale que juste, et sur la démoralisation enfin qui en dégrade aussi trop souvent un certain nombre.

— En examinant si la profession agricole est sujette à de semblables maux, nous reconnaîtrons que la population des campagnes, presque en masse, vouée aux travaux de la culture et aux soins du bétail, est cent fois plus heureuse en fait que celle de la ville, occupée aux travaux mécaniques, et qu'elle est plus morale, plus édifiante et mieux portante.

L'air de la campagne est plus vif, plus pur que celui de la ville ; car celle-ci dégage une quantité beaucoup plus grande de gaz acide carbonique qui le vicie et le corrompt. Les maisons de la campagne, moins surchargées d'habitants que celles des cités. sont plus saines, et l'air qu'on y respire plus salubre. On aspire dans les travaux des champs un grand air salutaire, qui fait défaut aux habitants de la ville. Aussi la santé des cultivateurs est. règle générale, toujours plus soutenue et plus satisfaisante que celle des ouvriers. — La longueur de la vie suit la même proportion : si la campagne voit un grand nombre de vieillards dépasser l'âge de soixante-dix ans, on remarque que les cimetières des grandes villes sont remplis de jeunes gens décédés avant l'âge, usés en partie par les inconvénients d'une salubrité cent fois inférieure à celle des champs, et disons-le aussi, par les désordres de l'intempérance et l'abus des boissons alcooliques dont les habitants de la campagne ne connaissent que par exception l'usage immodéré.

Cette réflexion faite, il est facile d'apprécier le chiffre de la mortalité effrayante des ouvriers comparée à celle des laboureurs.

Si la population agricole vit plus longtemps que la population ouvrière, elle vit aussi plus heureuse, parce que la mesure de son occupation est généralement réglée par les saisons qui se succèdent et qui apportent, chacune, les délais nécessaires à la spécialité des cultures les plus importantes. Dans la ville, rien de semblable. Le cultivateur pressé trouve des bras à louer ; l'industriel est moins heureux, parce que si tous les habitants des campagnes sont plus ou moins propres aux travaux agricoles pour lesquels il ne faut pas un apprentissage minutieux, il n'en est pas de même pour les métiers mécaniques : on peut à la rigeur improviser un cultivateur, mais non pas un mécanicien. Il est très-peu d'industries dans les villes qui ne soient pressées, par intervalles, pour livrer des fournitures à court terme, ce qui impose aux ouvriers un surcroît de travail temporaire qui les fatigue au delà de toute mesure et nécessite des frais indispensables pour entretenir leur force pendant ces jours d'épreuves, ces jours de dix-huit heures. Les fabriques éprouvent souvent ensuite le contre-coup de cette presse et ne reçoivent plus aucune demande pour alimenter leurs travaux ; elles sont obligées de réduire leurs ouvriers à des fractions de travail ou à des chômages complets ; c'est ce qu'on appelle dans la fabrication : *les mortes-saisons*. — Les plus sages, les plus sensés des ouvriers, ont recours pour vivre alors au produit ménagé de leurs économies ; les autres s'étourdissent, se débauchent et aggravent le mal de leur situation. Il résulte de cet aperçu qu'il existe dans les villes non-seulement moins de bonheur réel, mais encore des causes d'une mortalité plus forte que dans les campagnes.

Les deux populations agricole et manufacturière n'ont, entre elles, d'autre rapport que la ressemblance humaine qui leur a été donnée par le Créateur : elles diffèrent sur tout le reste ; mais la différence reste entièrement à l'avantage des laboureurs et des cultivateurs. Les travailleurs de la terre n'ont pas été, comme les ouvriers des villes, séparés plus ou moins de leurs parents pendant leur enfance et première adolescence ; ils n'ont jamais quitté le toit paternel, si doux, si bienveillant, si moral, si protecteur ; ils y ont connu le sentiment de l'amour de la famille, la pureté des mœurs et la crainte de Dieu. Ils ne se sont pas éloignés du clocher qui les vit naître ; ils n'ont pas cessé, comme on le fait dans les villes après la première communion, de se rendre, tous les dimanches, aux offices de leur paroisse, continuer de recevoir l'instruction religieuse que leurs ascendants y ont reçue déjà, que leurs descendants y recevront plus tard. Comment les égarements d'une jeunesse désordonnée, et ceux d'une virilité semblable qui conduisent souvent l'homme, abandonné à lui-même, aux mauvais exemples, à la perte de sa santé, de son honneur, de sa vie, pourraient-ils entraîner au mal l'homme des champs, préservé par des habitudes simples, frugales, honnêtes, tranquilles et religieuses ?

Tout excite l'homme de la campagne à réfléchir, à méditer le spectacle grandiose de la nature, plus apparent à la campagne qu'à la ville. L'élévation du ciel, l'éclat et le mouvement des astres, les révolutions qu'ils opèrent, l'ordre alterné des saisons, nécessaire à la production de la nourriture des hommes et des bêtes, les phénomènes de la germination, de la végétation et de la fructification sont des merveilles, des miracles continuels, pour élever l'âme de la créature vers le Créateur, de l'humanité vers la divinité, de l'homme vers Dieu !

Le cultivateur est témoin plus constant, plus assidu que l'ouvrier, des rapports intimes de la terre avec le ciel, de la sagesse, de la grandeur infinie qui président à l'organisation et à la conservation du monde, ce que ne manquerait pas de reconnaître aussi l'ouvrier de la ville s'il fût né à la campagne ; enfant heureux d'une famille que les nécessités de la vie n'auraient point obligée à le perdre de vue, à le confier à des étrangers trop souvent peu instruits des préceptes qui rendent les hommes probes et honnêtes, cet enfant, que trop peu de bons exemples, que des exemples équivoques ou nuisibles, que l'absence d'un complément d'instruction morale laisse exposé à tous les dangers du monde, serait devenu — s'il fût né, s'il eût été élevé à la campagne — un homme religieux, un honorable cultivateur, un citoyen recommandable.

Si l'isolement de la ville, au milieu d'un monde étranger que l'on connaît peu ou point, rend ses habitants égoïstes, insensibles, indifférents, rien de pareil n'a lieu à la campagne, où tous se connaissent et prennent part, les uns comme les autres, à ce qui peut leur arriver d'heureux ou de triste. — On remarque à chaque décès qui survient dans la commune, que la loi de la mort prive d'un voisin, d'une connaissance, ce que le tumulte de la ville ne laisse pas apercevoir, car le plus souvent on ne s'y connaît pas. Ces réflexions, naturelles chez les villageois, quand la mort frappe des personnes connues et qu'on ne doit plus revoir, moralisent forcément et font reconnaître le besoin de bien vivre pour bien mourir; et c'est en vivant bien que l'on améliore convenablement, progressivement sa position et l'avenir des siens, que l'on se fait estimer et considérer des hommes. Rien, dans la vie de l'habitant des campagnes, ne conduit à l'intempérance, au désordre, au suicide si fréquent dans les villes. Tout porte le cultivateur, au contraire, à la régularité des actes de la vie pour en jouir le plus longtemps possible, sans blâme et sans reproche.

CHAPITRE XVII

AUX JEUNES FILLES DES ÉCOLES PRIMAIRES.

La réaction qui s'opère de notre temps en faveur de l'agriculture, réaction basée sur la nécessité comme sur l'avantage de récolter chez nous les céréales qui nous manquent certaines années, au lieu d'aller les chercher à grands frais chez les autres peuples, cette réaction indispensable dont nous sommes tous pénétrés, dont nous nous occupons sérieusement, vous compte, jeunes enfants, au nombre des aides de l'avenir qui doivent y prendre une grande part. La société a besoin de se réformer, en travaillant avec beaucoup moins d'ensemble à la profession des métiers mécaniques — dont les produits dépassent beaucoup maintenant les besoins de la consommation, — afin de produire des choses plus utiles, plus indispensables, comme le pain et autres objets de première nécessité. Le temps sera toujours bien employé aux occupations de ce genre, parce que les produits du sol ne sont pas condamnés à encombrer les magasins, mais à nourrir les hommes et les animaux domestiques, dont la progression va toujours croissant. Quand l'abondance des récoltes dépassera les besoins des hommes, l'excédant ne se détériorera pas dans les greniers ; les animaux le consommeront et augmenteront, par leurs propres produits, la richesse nationale, dont nous jouirons tous plus ou moins.

Cette réaction, qui commence et marche à grands pas, ne peut s'accomplir sans votre concours, jeunes filles des écoles, et soyez assurées que vous serez heureuses plus tard de la participation que vous y aurez prise. — Que vous habitiez nos villes ou nos campagnes, un labeur inévitable vous attend, ne vous le dissimulez pas ; mais il sera plus ou moins lourd, plus ou moins facile selon le choix que vous saurez faire d'une occupation, selon le mérite et la sympathie de la société à laquelle vous vous rallierez volontairement, ou qui vous sera imposée par une volonté supérieure à la vôtre. — La ville a ses veilles à subir, pour les femmes surtout : ce sont des objets d'art à confectionner, des attributs de luxe à préparer, pour lesquels de longues nuits de travail sont souvent nécessaires. Dans les campagnes, c'est un ordre de choses tout différent; ce sont des brebis à surveiller, des agneaux, des chevreaux, des vers à soie à élever, une volière, une basse-cour à soigner; des fruits à cueillir, à faire sécher, à emballer; des fourrages à faire faner; des soins nécessaires à donner aux vendanges, à la cueillette des olives, à la récolte des graines, des légumes, des racines, et à tout un ensemble d'exploitation rurale et de soins domestiques du domaine de la femme, travail plus récréatif que pénible. Toutes ces choses qui viennent en leur temps, et généralement les unes après les autres, constituent une occupation qui n'est pas dure, qui n'épuise point par la fatigue, et détruit le danger de l'oisiveté, la plus mauvaise compagne du genre humain.

La vie agricole a, pour les deux sexes, le charme de la campagne : toutes sortes de fruits à cultiver, de préférence ceux que le climat produit le mieux; car la Providence a naturalisé, dans nos divers départements, d'une température inégale, d'un sol assez varié, d'une influence atmosphérique différente, les fruits les plus propres à l'utilité de leurs habitants, et l'excédant, grâce aux voies ferrées qui sillonneront bientôt toute la France, pourra être transporté sur les points les plus éloignés du territoire qui les aura produits. Ils deviendront ainsi, pour les cultivateurs et pour les producteurs, l'objet d'un heureux commerce, et pour les consommateurs, le bienfait d'une alimentation agréable et nouvelle.

Les femmes des familles laborieuses devront se partager les travaux du ménage, du jardin et des champs, selon leurs forces respectives. Les plus âgées et les plus jeunes ne s'éloigneront pas du bâtiment rural ; elles s'y occuperont du ménage, du blanchissage et des soins à donner aux petits enfants, aux bêtes jeunes et faibles, destinées par leur accroissement, à nourrir la famille et à augmenter, par leur vente, le chiffre du revenu de la maison.

Aux environs des villes où la vente quotidienne des fleurs, des fruits, des légumes, est possible et lucrative, il serait utile, pour les femmes en général, de se livrer à cette spécialité plutôt qu'à toute autre ; car l'argent qui vient tous les jours en petite quantité, se transforme, au bout de l'an, en une somme plus ou moins considérable.

Dans les campagnes plus éloignées, l'assujettissement des femmes, sous le rapport fatigant, a fait son temps aussi bien que dans le voisinage des villes. La culture se perfectionne, se simplifie d'année en année : des moteurs mécaniques tendent à s'établir partout pour labourer, émotter, faucher, râteler, moissonner, battre, vanner, cribler, etc., etc. La force des bras ne sera plus bientôt qu'un appoint, et non pas, comme autrefois, un levier absolu, indispensable. Vous êtes dans des conditions, jeunes filles de notre temps, à jouir personnellement de ce progrès bienheureux qui nous envahit, qui nous déborde, pour transformer les campagnes rebelles de l'autre siècle en des lieux plus commodes, plus sains, plus agréables et plus riches.

Préférez donc, si le choix vous en est laissé, préférez la vie agricole du temps qui vient, au séjour de la ville qui fut, qui sera toujours pour la classe ouvrière plus pénible, plus dangereux et plus pauvre.

Il est dans l'usage des ouvriers des villes, dont les poumons sont oppressés par la réclusion de leur état, de chercher le dimanche l'air vivifiant de l'atmosphère dont ils sont privés toute la semaine. Mais dans ces sorties, presque toujours bruyantes, ils compromettent souvent leur santé et dépensent plus d'argent qu'il n'en ont gagné la veille et qu'ils n'en gagneront le lendemain.

Les habitants de la campagne vivant dans d'autres conditions, mangent le pain fait de leurs mains et dont ils connaissent la composition; leurs boissons et leur lait ne sont pas falsifiés, leurs fruits et leurs légumes, cueillis du moment ou du jour, sont frais ; leur viande n'est pas d'un prix élevé, parce que leurs soins la font venir autour d'eux.

Dans les jours de fête, ils s'édifient mutuellement par leur zèle à se rendre aux offices pour s'intruire, pour prier et sanctifier ces jours d'obligation, comme l'était le jour du sabbat chez le peuple de Dieu. Tous les jours de l'année sont ainsi utiles à la campagne : ceux du travail, pour se donner des aliments, des vêtements et une aisance légitime ; ceux du repos, pour se délasser, recevoir une instruction morale plus étendue, se récréer et entretenir de bons rapports avec les parents, les amis, les connaissances.

Jeunes filles des écoles, qui n'avez pas encore de vocation, ne regrettez pas de rester, de vous rendre, de compter dans cette population morale, qui va cultiver, transformer, civiliser davantage, enrichir et animer ces zones de la campagne, dont le sol fécond ne demande que votre présence, votre exemple et votre concours, pour faire fructifier les germes des choses utiles , alimentaires surtout, dont la Providence a déposé le trésor dans son sein. — Ne croyez pas dégénérer, ne croyez pas descendre, en vous livrant à l'occupation de la vie champêtre, considérée par les peuples anciens, par les Chinois, les Égyptiens, les Grecs et les Romains, comme la plus noble, au point que ces derniers l'interdisaient à leurs esclaves, parce qu'ils voulaient jouir seuls de l'honneur et de la gloire qu'ils y attachaient.

Quand le patriarche Abraham, peu fier d'une grande fortune, voulut marier son fils Isaac, son intendant, bien instruit de son intention, fit la proposition de ce mariage aux parents de la jeune Rébecca, qu'il avait remarquée occupée du soin très-modeste d'aller chercher de l'eau à la fontaine avec une cruche. — Ce ne fut pas dans le pompeux appareil du luxe que Jacob, protégé de Dieu, et devant hériter d'un patrimoine considérable, chercha une épouse, mais bien dans la jeune et belle Rachel, chargée de la conduite d'un des troupeaux de son père.

CHAPITRE XVIII

LE LABOUREUR DES *Géorgiques* DE VIRGILE, PAR DELILLE.

Quant la neige au printemps s'écoule des montagnes,
Dès que le doux zéphir amollit les campagnes,
Que j'entende le bœuf gémir sous l'aiguillon,
Qu'un soc longtemps rouillé brille dans le sillon.
Veux-tu voir les guérets combler tes vœux avides ?
Par les soleils brûlants, par les frimas humides,
Qu'ils soient deux fois mûris et deux fois engraissés :
Tes greniers crouleront sous tes grains entassés.
Toutefois, dans le sein d'une terre inconnue,
Ne va point vainement enfoncer la charrue.
Observe le climat, connais l'aspect des cieux,
L'influence des vents, la nature des lieux,
Des anciens laboureurs l'usage héréditaire,
Et les biens que prodigue ou refuse une terre.
Dans ces riches vallons la moisson flottera,
Sur ces côteaux riants la grappe mûrira.
Ici sont des vergers qu'enrichit la culture,
Là, règne un vert gazon qu'entretient la nature.

. . . .

Vois-tu ce laboureur constant dans ses travaux,
Traverser ses sillons par des sillons nouveaux,
Écraser sous les pieds des longs râteaux qu'il traine,
Les glèbes dont le soc a hérissé la plaine ;
Gourmander sans relàche un terrain paresseux ?
Cérès à ses travaux sourit du haut des cieux.
J'aime des hivers secs et des étés humides ;
L'été, des sillons frais, l'hiver, des champs arides,

Sont un garant certain de la fertilité ;
C'est alors que, surpris de leur fécondité,
Et le riche Gargar et l'heureuse Mysie,
Enfantent des moissons qui nourrissent l'Asie.
Au maître des saisons adresse donc tes vœux ,
Mais l'art du laboureur peut tout après les dieux.

. . . .

Tantôt pour empêcher qu'un frêle chalumeau
Ne languisse accablé sous un riche fardeau ,
Dès qu'il voit du sillon sortir son blé superbe,
Il livre à ses troupeaux le vain luxe de l'herbe.

. . . .

Mais malgré tant de soins, malheureux que nous sommes !
Malgré les animaux qui secondent les hommes,
Tout n'est pas fait encor ; crains pour tes jeunes blés
L'ombre, et l'herbe indomptable, et les brigands ailés.
Tel est l'arrét fatal du maître du tonnerre :
Lui-même il força l'homme à cultiver la terre ;
Et, n'accordant ses fruits qu'à nos soins vigilants ,
Voulut que l'indigence éveillât les talents.
Avant lui, point d'enclos, de bornes, de partage ;
La terre était de tous le commun héritage ;
Et, sans qu'on l'arrachât, prodigue de son bien,
La terre donnait plus à qui n'exigeait rien.
C'est lui qui, prescrivant une oisive opulence ,
Partout de son empire exila l'indolence,
Il endurcit la terre, il souleva les mers,
Nous déroba le feu, troubla la paix des airs,
Empoisonna la dent des vipères livides,
Contre l'agneau craintif arma les loups avides,
Dépouilla de leur miel les riches arbrisseaux
Et du vin dans les champs fit tarir les ruisseaux.

. . . .

Quand Dodone aux mortels refusa leur pâture,
Cérès vint des guérets leur montrer la culture.

De ces nouveaux bienfaits sont nés des soins nouveaux ;
La rouille vient ronger le fruit de nos travaux ,
La ronce croît en foule et les épis périssent ;
D'arbustes épineux les sillons se hérissent,
Et Cérès, à côté de ses plus riches dons,
Voit triompher l'ivraie, et régner les chardons.
    Tourmente donc la terre, appelle donc la pluie,
Chasse l'avide oiseau, détruis l'ombre ennemie,
Ou bientôt affamé, près d'un riche voisin,
Retourne au gland des bois pour assouvir ta faim.

. . . .

    Les fêtes même, il est un travail légitime ,
Ne peut-on pas alors, sans scrupule et sans crime ,
Tendre un piége aux oiseaux, embraser des buissons,
D'un mur tissu d'épine entourer ses moissons ,
Ou rafraîchir ses prés que la chaleur altère,
Ou baigner ses brebis dans une eau salutaire ?
C'est dans ces mêmes jours que, libre de travaux ,
Chacun porte aux cités les présents des hameaux ;
Et rapportant chez soi les tributs de la ville,
Presse les pas tardifs de son âne indocile.

. . . .

    Chacun a son emploi, mais dans ce choix du temps
Ainsi que d'heureux jours, il est d'heureux instants.
Faut-il couper le chaume ? on le coupe sans peine,
Quand la nuit l'a mouillé de son humide haleine.
Pour dépouiller tes prés, attends que sur leurs fleurs
L'aurore en souriant ait répandu ses pleurs.
    Plusieurs, pendant l'hiver, près d'un foyer antique,
Veillent à la lueur d'une lampe rustique ;
Leur compagne près d'eux, partageant leurs travaux,
Tantôt d'un doigt léger fait rouler ses fuseaux,
Tantôt cuit dans l'airain le doux jus de la treille,
Et charme par ses chants la longueur de la veille.
Mais c'est en plein soleil, dans l'ardente saison,

Qu'au tranchant dè la faux on livre la moisson,
Que sur l'épi doré le fléau se déploie,
Donne aux soins les beaux jours et l'hiver à la joie.
L'hiver, tel qu'un nocher qui, plein d'un doux transport,
Couronne ses vaisseaux triomphants dans le port,
Tranquille sous le chaume, à l'abri des tempêtes,
L'heureux cultivateur donne et reçoit des fêtes.
Pour lui ces tristes jours rappellent la gaîté ;
Il s'applaudit l'hiver des travaux de l'été.

. . . .

Quelquefois, de l'orage avant-coureur brûlant,
Des cieux se précipite un astre étincelant,
Et dans le sein des nuits, qu'il rend encor plus sombres,
Traîne de longs éclairs qui sillonnent les ombres.
Tantôt on voit dans l'air des feuilles voltiger,
Et la plume en tournant sur les ondes nager.
Si l'éclair brille au nord de l'Eure et de Zéphire,
Si la foudre en éclat ébranle au loin l'empire,
Alors, ô laboureur ! crains les torrents des cieux ;
Nochers, ployez la voile, et redoublez vos vœux.
Que dis-je ? tout prédit l'approche des orages ;
Nul, sans être averti, n'éprouva leurs ravages.
Le taureau hume l'air de ses larges naseaux ;
La grenouille se plaint au fond de ses roseaux ;
L'hirondelle, en volant, effleure le rivage,
Tremblante pour ses œufs, la fourmi déménage,
Et des affreux corbeaux les noires légions
Fendent l'air qui frémit sous leurs longs bataillons.
Vois ces oiseaux des mers et ceux que les prairies
Nourrissent près des eaux sur des rives fleuries :
De leur séjour humide on les voit s'approcher,
Offrir leur tête aux flots qui battent le rocher,
Promener sur les eaux leur troupe vagabonde,
Se plonger dans leur sein, reparaître sur l'onde,
S'y replonger encore et par cent jeux divers

Annoncer les torrents suspendus dans les airs.
   Seule, errant à pas lents sur l'aride rivage,
La corneille enrouée appelle aussi l'orage.
Le soir la jeune fille, en tournant son fuseau,
Tire encor de sa lampe un présage nouveau,
Lorsque la mèche en feu dont la clarté s'émousse
Se couvre, en pétillant, de noirs flocons de mousse.

. . . .

   Mais, malgré ces leçons, crains-tu d'être séduit
Par le perfide éclat d'une brillante nuit ?
Du soleil, de sa sœur, observe la carrière.
Quand la jeune Phœbé rassemble sa lumière,
Si son croissant terni s'émousse dans les airs,
La pluie alors menace et la terre et les mers.
Du fard de la pudeur peint-elle son visage ?
Des vents prêts à gronder c'est le plus sûr présage :
Le quatrième jour (cet augure est certain),
Si son arc est brillant, si son front est serein,
Durant le mois entier que ce beau jour amène,
Le ciel sera sans eau, l'aquilon sans haleine,
L'Océan sans tempête, et les nochers heureux
Bientôt sur le rivage acquitteront leurs vœux.

. . . .

   Si Phœbus, à travers une vapeur grossière,
Dispersant faiblement quelques traits de lumière,
Semble luire à regret, de leurs feuillages verts
Les raisins colorés vainement sont couverts ;
Sous les grains bondissants dont les toits retentissent,
La grêle écrase, hélas ! les grappes qui mûrissent.
   Surtout sois attentif lorsque, achevant leur tour,
Ses coursiers dans la mer vont éteindre le jour ;
Du pourpre, de l'azur, les couleurs différentes
Souvent marquent son front de leurs taches errantes ;
Saisis de ces vapeurs le spectacle mouvant ;
L'azur marque la pluie, et la pourpre le vent.

Si la pourpre et l'azur colorent son visage,
De la pluie et du vent redoute le ravage ;
Je n'irai point alors sur de frêles vaisseaux,
Dans l'horreur de la nuit, m'égarer sur les eaux.
Mais lorsqu'il recommence et finit sa carrière,
S'il brille tout entier d'une pure lumière,
Sois sans crainte : vainqueur des humides autans,
L'aquilon va chasser les nuages flottants.

. . . .

Ah ! loin des fiers combats, loin d'un luxe imposteur,
Heureux l'homme des champs, s'il connaît son bonheur !
Fidèle à ses besoins, à ses travaux docile,
La terre lui fournit un aliment facile.
Sans doute, il ne voit point, au retour du soleil,
De leur patron superbe adorant le réveil,
Sous les lambris pompeux de ses toits magnifiques
Des flots d'adulateurs inonder ses portiques.
Il ne voit pas le peuple y dévorer des yeux
De riches tapis d'or, des vases précieux.
D'agréables poisons ne brûlent point ses veines ;
Tyr n'altéra jamais la blancheur de ses laines ;
Il n'a point tous ces arts qui trompent notre ennui :
Mais que lui manque-t-il ? la nature est à lui.

. . . .

Un troupeau qui mugit, des vallons, des forêts,
Ce sont là ses trésors, ce sont là ses palais.
C'est dans les champs qu'on trouve une mâle jeunesse,
C'est là qu'on sert les dieux, qu'on chérit la vieillesse,
Le laboureur en paix coule des jours prospères ;
Il cultive le champ que cultivaient ses pères :
Ce champ nourrit l'État, ses enfants, ses troupeaux,
Et ses bœufs, compagnons de ses heureux travaux,
Ainsi que les saisons, sa fortune varie :
Ses agneaux au printemps peuplent sa bergerie ;
L'été remplit sa grange, affaisse ses greniers ;

L'automne d'un doux poids fait gémir ses paniers,
Et les derniers soleils, sur les côtes vineuses,
Achèvent de mûrir les grappes paresseuses.
    Les fêtes, je le vois partager ses loisirs
Entre un culte pieux et d'utiles plaisirs ;
Il propose des prix à la force, à l'adresse ;
L'un déploie, en luttant, sa nerveuse souplesse ;
L'autre frappe le but d'un trait victorieux,
Et d'un cri triomphant fait retentir les cieux.

CHAPITRE XIX

LES ARBRES.

    Les arbres, de la terre agréable parure,
Sortent diversement des mains de la nature.
Les uns, sans implorer des soins infructueux,
Dans les champs, sur les bords des fleuves tortueux,
Naissent indépendants de l'industrie humaine.
Ainsi le souple osier se reproduit sans peine :
Tels sont l'humble genêt, les saules demi-verts,
Et ces blancs peupliers balancés dans les airs.
    D'autres furent semés : ainsi croissent l'yeuse,
Qui redouble des bois l'horreur religieuse ;
Le châtaignier, couvert de ses fruits épineux,
Et le chêne à Dodone, interprète des dieux.

. . . .
. . . . D'elle-même autrefois
La nature enfanta les vergers et les bois,
Et les humbles taillis, et les forêts sacrées,
Depuis, l'art, se frayant des routes ignorées

Par des moyens nouveaux créa de nouveaux plants,
Là d'un arbre fécond, les rejetons naissants,
Par le tranchant acier séparés de leur père,
Vont recevoir ailleurs une séve étrangère.

. . . .

Un aride olivier, surpassant ses prodiges,
Des éclats d'un vieux tronc pousse de jeunes tiges.
De rameaux étrangers un arbre s'embellit,
D'un fruit qu'il ignorait son tronc s'enorgueillit.
Le poirier sur son front voit des pommes éclore,
Et sur le cornouiller la prune se colore.
L'arbre né de lui-même étale fièrement
De ses rameaux pompeux le stérile ornement ;
La nature se plut à parer son ouvrage :
Mais qu'on prête à sa tige un rameau moins sauvage,
Ou qu'il soit transplanté sur un sol plus heureux,
Dompté par la culture, il comblera tes vœux.
Celui qu'on a semé, croissant pour un autre âge,
A nos derniers neveux réserve son ombrage ;
Sa tige même enfante un fruit décoloré,
Le pommier méconnaît son suc dénaturé ;
Mais il faut le greffer ; sur les planes [1] stériles
On porte du pommier les rejetons fertiles.
Le hêtre avec plaisir s'allie au châtaignier.
La pierre abat la noix sur l'aride arboisier.
Le poirier de ses fleurs blanchit souvent le frêne,
Et le porc sous l'ormeau broya le fruit du chêne.
Cet art a deux secrets dont l'effet est pareil ;
Tantôt, dans l'endroit même où le bouton vermeil
Déja laisse échapper sa feuille prisonnière,
On fait avec l'acier une fente legère ;
Là d'un arbre fertile on insère un bouton,

[1] Veut dire platane.

De l'arbre qui l'adopte, utile nourrisson ;
Tántôt des coins aigus entrouvent avec force
Un tronc dont aucun nœud ne hérisse l'écorce,
A ces branches succède un rameau plus heureux ;
Bientôt ce tronc s'élève en arbre vigoureux,
Et, se couvrant des fruits d'une race étrangère,
Admire ces enfants dont il n'est pas le père.
Dé l'aurore au couchant parcourons l'univers,
Les différents climats ont des arbres divers :
Chez l'Arabe, l'encens embaume au loin la plaine ;
Sur les rives du Gange on voit noircir l'ébène.
Là d'un tendre duvet les arbres sont blanchis,
Ici d'un fil doré les bois sont enrichis.
Le Nil du vert acanthe admire les feuillages,
Le baume, heureux Jourdain, parfume tes rivages,
Et l'Inde au bord des mers voit monter ses forêts
Plus haut que ses archers ne font voler leurs traits.
Vois les arbres du Mède et son orange amère,
Qui, lorsque la marâtre au fils d'une autre mère
Verse le noir poison d'un breuvage enchanté,
Dans leur corps expirant rappelle la santé.
L'arbre égale en beauté celui que Phébus aime ;
S'il en avait l'odeur, c'est le laurier lui-même :
Sa feuille sans effort ne se peut arracher ;
Sa fleur résiste au doigt qui la veut détacher.
Et son suc, du vieillard, qui respire avec peine,
Raffermit les poumons et parfume l'haleine.
L'olivier, par la terre une fois adopté,
De tes pénibles soins n'attend pas sa beauté ;
Fouille à ses pieds le sol qui nourrit sa verdure,
C'est assez : dédaignant une vaine culture,
Et la serpe tranchante et les pesants râteaux,
L'arbre heureux de la paix voit fleurir ses rameaux.
Tel encor, quand les ans ont augmenté sa force,
Quand son tronc est muni d'une plus dure écorce,

L'arbre fruitier, sans nous, s'élève dans les airs ;
Sans nous, mille arbrisseaux de leurs fruits sont couverts.
Sur le buisson inculte on voit rougir la mûre, ·
Et l'abri des oiseaux donne aussi leur pâture.
Que d'arbres en tous lieux multipliés pour nous !
Ah ! du moins plantez-les, puisqu'ils croissent sans vous.
Pour nos jeunes chevreaux les aliziers fleurissent ;
Du suc des pins altiers les flambeaux se nourrissent ;
Mais pourquoi te parler de ces rois des forêts ?
Tout sert, même le saule et les humbles genêts ?
Le miel leur doit des sucs, les troupeaux du feuillage,
Les moissons des remparts, les pasteurs de l'ombrage.
   J'aime et des sombres buis le lugubre coup d'œil,
Et de ces noirs cyprès le vénérable deuil.
J'aime à voir ces forêts qui croissent sans culture,
Où l'art n'a point encor profané la nature :
Ces bois même, d'Athos enfants infructueux,
Et l'éternel jouet des vents impétueux,
Dans leur stérilité sont encore fertiles.
Pour former nos lambris leurs arbres sont utiles :
Ici, taillés en char, là, courbés en vaisseaux,
Ils roulent sur la terre, ils voguent sur les eaux.
Le saule prête aux ceps sa branche obéissante,
L'orme donne aux troupeaux sa feuille nourrissante.
L'if en arc est ployé ; le cormier fait des dards ;
Le myrte de Vénus fournit des traits à Mars ;
Le tilleul cependant cède au fer qui le creuse ;
Le buis au gré du tour prend une forme heureuse.
L'aulne léger fend l'onde ; et des jeunes essaims
Le vieux chêne en ses flancs recèle les larcins.

CHAPITRE XX

LA VIGNE.

. . . .
Enfin à ton vignoble as-tu choisi sa terre ?
Dès lors pour la dompter qu'on lui fasse la guerre.
il faut entrecouper le penchant des côteaux,
Et retourner la glèbe élevée en monceaux ;
Que l'été, que l'hiver, que les vents la mûrissent,
Et que tes bras nerveux sans cesse l'amollissent.
Si tu le peux encor, que le cep transplanté
Retrouve un sol pareil au sol qu'il a quitté :
Le jeune arbuste ainsi jamais ne dégénère,
Et ne s'aperçoit pas qu'il a changé de mère.
Plusieurs même observant dans l'endroit dont il sort,
Quel côté vit le sud et quel côté le nord,
Conservent ces aspects qu'ils gravent sur l'écorce
Tant de nos premiers ans l'habitude a de force !
Mais avant de creuser, de peupler les sillons,
Il faut choisir d'abord de la plaine ou des monts.
On peut presser les rangs dans de grasses campagnes ;
On doit les élargir au penchant des montagnes :
Enfin, dans les vallons, comme sur les coteaux,
Qu'ils soient distribués en espaces égaux.
Vois de longs bataillons rangés sur une plaine
Où flotte de l'airain la lueur incertaine,
Avant qu'un choc affreux confonde tous ces bras,
Quand Mars prélude encor à l'horreur des combats,
Imite de ces rangs l'exacte symétrie,
Non pour flatter tes yeux par ta vaine industrie ;

Mais chaque tige ainsi peut croître en liberté,
Et le suc se partage avec égalité.

. . . .

N'attends rien d'une vigne exposée au couchant.
Que le vil coudrier n'affame point ton plant.
Tes ceps sont-ils plantés ? il faut couvrir de terre,
Engraisser de fumier le lit qui les resserre :
Là, que la pierre ponce aux conduits spongieux,
Que l'écaille poreuse enfouie avec eux,
Laissent pénétrer l'air dans leurs couches profondes,
Et du ciel orageux interceptent les ondes.
J'ai vu des vignerons, du ciel favorisés,
Couvrir leurs ceps de pierre ou de vases brisés.
Ainsi du Chien brûlant ils évitent l'haleine,
Ainsi la froide Hyade inonde en vain la plaine.
Mais à la terre enfin dès qu'ils sont confiés,
Que souvent le hoyau la ramène à leurs pieds :
Qu'on y pousse la bêche, et, sans rompre les lignes,
Que le soc se promène au travers de tes vignes.
Puis tu présenteras aux faibles arbrisseaux
Ou des appuis de frêne, ou de légers roseaux ;
La vigne les rencontre, et l'arbuste timide,
Conduit sur les ormeaux par ce fidèle guide,
Bientôt unit son pampre à leurs feuillages verts ;
Comme eux soutient l'orage et les suit dans les airs.
Quand les premiers bourgeons s'empresseront d'éclore,
Que l'acier rigoureux n'y touche point encore ;
Même lorsque dans l'air, qu'il commence à braver,
Le rejeton moins frêle ose enfin s'élever,
Pardonne à son audace en faveur de son âge ;
Seulement de la main éclaircis son feuillage.
Mais enfin, quand tu vois ces robustes rameaux
Par des nœuds redoublés embrasser les ormeaux,
Alors saisis le fer ; alors sans indulgence
De la sève égarée arrête la licence ;

Borne des jets errants l'essor présomptueux,
Et des pampres touffus le luxe infructueux.
    Surtout que de buissons la vigne environnée
Évite des troupeaux la dent empoisonnée.
Que la génisse avide et les chevreaux gloutons
Respectent sa jeunesse et ses jeunes boutons :
L'hiver dont les frimas engourdissent la terre,
L'été qui fend la plaine et qui brûle la pierre.
Lui seraient moins cruels que ces vils animaux
Dont la dent déshonore et flétrit ses rameaux.

. . . .

    La vigne veut des soins sans cesse renaissants ;
De la terre trois fois il faut fendre les flancs ;
Sans cesse retrancher les feuilles inutiles ;
Sans cesse tourmenter des coteaux indociles ;
Le soleil tous les ans recommence son cours :
Ainsi roulent en cercle et ta peine et tes jours.
    Même lorsque le cep, privé de sa parure,
Cède aux froids aquilons un reste de verdure,
Déjà le vigneron, reprenant ses travaux,
Bien loin vers l'autre année étend ses soins nouveaux ;
Déjà, d'un fer courbé, la serpette tranchante
Taille et forme à son gré la vigne obéissante.
    Veux-tu de ses trésors t'enrichir tous les ans ?
Prends le premier la bêche et les hoyaux pesants :
Retranche le premier les sarments inutiles ;
Le premier jette au feu leurs dépouilles fragiles ;
Renferme leurs appuis, remets-les le premier ;
Pour boire du nectar vendange le dernier.

CHAPITRE XXI

LES GRANDES RACES DES BESTIAUX.

Veut-on, pour vaincre à Pise, un courrier généreux ?
Veut-on pour la charrue un taureau vigoureux ?
Des mères avec soin il faut choisir l'espèce.
Je veux dans la génisse une mâle rudesse,
Une oreille velue, un regard menaçant,
Des cornes dont les dards se courbent en croissant ;
Que son flanc allongé sans mesure s'étende ;
Vers la terre en flottant que son fanon descende ;
Qu'enfin ses pieds, sa tête, et son cou monstrueux,
De leur beauté difforme épouvantent les yeux.
    J'aime aussi sur son corps, taché par intervalles,
Et de noir et de blanc des marques inégales ;
J'aime à lui voir du joug secouer le fardeau,
Par son mufle sauvage imiter le taureau,
Menacer de la corne, et, dans sa marche altière,
D'une queue à longs crins balayer la poussière.
. . . .
    Dans le choix des coursiers ne sois pas moins sévère.
Du troupeau dès l'enfance il faut soigner le père :
Des gris et des bais bruns on estime le cœur ;
Le blanc, l'alezan clair, languissent sans vigueur
L'étalon généreux a le port plein d'audace,
Sur ses jarrets pliants se balance avec grâce.
Aucun bruit ne l'émeut ; le premier du troupeau
Il fend l'onde écumante, affronte un pont nouveau :

Il a le ventre court, l'encolure hardie,
Une tête effilée, une croupe arrondie ;
On voit sur son poitrail ses muscles se gonfler,
Et ses nerfs tressaillir, et ses veines s'enfler.
Que du clairon bruyant le son guerrier l'éveille,
Je le vois s'agiter, trembler, dresser l'oreille ;
Son épine se double et frémit sur son dos ;
D'une épaisse crinière il fait bondir les flots ;
De ses naseaux brûlants il respire la guerre ;
Ses yeux roulent du feu, son pied creuse la terre.

. . . .

Erichton, le premier, par un effort sublime,
Osa plier au joug quatre coursiers fougueux,
Et porté sur un char s'élancer avec eux.
Le Lapithe, monté sur ces monstres farouches,
A recevoir le frein accoutuma leurs bouches,
Leur apprit à bondir, à cadenser leur pas,
Et gouverna leur fougue au milieu des combats.
Mais, soit qu'il traîne un char, soit qu'il porte son guide,
J'exige qu'un coursier soit jeune, ardent, rapide,
Fût-il sorti d'Épire, eût-il servi les dieux,
Fût-il né du trident, il languit s'il est vieux.

. . . .

Marque au fond de chacun quel sort t'attend un jour ;
Les uns sont du troupeau l'espérance certaine ;
D'autres d'un soc tranchant déchireront la plaine ;
D'autres, pour les autels, de fleurs seront parés,
Et le reste au hasard bondira dans les prés.
Ceux qu'on destine au soc, il faut dès leur jeune âge,
Discipliner au joug leur docile courage.
Sur son cou libre encor, ton jeune nourrisson
Porte un collier flottant pour première leçon.
Bientôt deux compagnons, qu'un joug d'osier rassemble,
Apprennent à marcher, à s'arrêter ensemble ;
Déjà même un char vide est par eux emporté,

Et glisse sur l'arène avec agilité ;
Puis sous un lourd fardeau qu'ils ébranlent à peine,
Ils font crier la roue et sillonnent la plaine.
Cependant, pour nourrir tes élèves naissants,
Au feuillage du saule, au vert gazon des champs,
A l'herbe des marais joints la moisson nouvelle :
De la mère autrefois on pressait la mamelle :
Pasteur plus indulgent, laisse-la sans regret,
Pour ses tendres enfants épancher tout son lait.
Mais veux-tu près d'Élis, dans des torrents de poudre,
Guider un char plus prompt, plus brûlant que la foudre ?
Veux-tu, dans les horreurs d'un choc tumultueux,
Régler d'un fier coursier les bonds impétueux ?
Accoutume son œil au spectacle des armes,
Et son oreille au bruit et son cœur aux alarmes ;
Qu'il entende déjà le cliquetis du frein,
Le roulement des chars, les accents de l'airain ;
Qu'au seul son de ta voix son allégresse éclate,
Qu'il frémisse au doux bruit de la main qui le flatte.
    Ainsi de la mamelle à peine séparé,
Ton élève à son art est déjà préparé.
Déjà son front timide et sans expérience,
Vient aux premiers liens s'offrir sans défiance.
Mais compte-t-il trois ans ? bientôt mordant le frein,
Il tourne, il caracole, il bondit sous ta main :
Sur ses jarrets nerveux il retombe en mesure ;
Pour la rendre plus libre on gêne son allure ;
Tout à coup il s'élance, et, plus prompt que l'éclair,
Dans les champs effleurés il court, vole et fend l'air.

. . . .

    Un jour tu le verras, ce coursier généreux,
Ensanglanter son mors et vaincre dans nos jeux ;
Ou, plus utile encor dans les champs de la guerre,
Sous de rapides chars faire gémir la terre.
    Ne l'engraisse surtout qu'après l'avoir dompté ;

Autrement son orgueil jamais n'est surmonté :
Il se dresse en fureur sous le fouet qui le touche,
Et s'indigne du frein qui gourmande sa bouche.

CHAPITRE XXII

LE PETIT BÉTAIL.

. . . .
  D'abord, que tes brebis à couvert sous leurs toits,
Jusqu'au printemps nouveau se nourissent d'herbage ;
Qn'une molle fougère et qu'un épais fourrage,
Sous leurs corps délicats, étendu par ta main,
Rendent leur lit moins dur, leur asile plus sain.
  Les chèvres à leur tour veulent pour nourriture,
Des feuilles d'arboisier et l'onde la plus pure.
Écarte de leur toit l'inclémence des airs ;
Qu'il reçoive au midi le soleil des hivers.
Jusqu'au jour où Phébus, quittant l'urne céleste.
Du cercle de l'année achève enfin le reste.
  Oui, comme les brebis, l'humble chèvre a ses droits :
Si leur riche toison pour habiller les rois,
Aux fuseaux de Milet offre une laine pure,
Et du poison de Tyr boit la riche teinture,
La chèvre a des trésors qui ne lui cèdent pas :
Ses enfants sont nombreux, son lait ne tarit pas,
Et plus ta main avare épuise sa mamelle,
Plus sa douce ambroisie entre tes doigts ruisselle.
Cependant son époux contre l'âpre saison
Nous cède ses longs poils qui parent son menton.
Le jour au fond des bois, au penchant des collines,

Elle vit de buissons, de ronces et d'épines ;
Le soir, fidèle à l'heure, elle rentre au hameau :
Elle-même rassemble et conduit son troupeau ;
Et, le sein tout gonflé des tributs qu'elle apporte,
Du bercail avec peine elle franchit la porte.

. . . .

Il faut savoir aussi dresser des chiens fidèles,
D'un pain pétri de lait nourrir ces sentinelles.
Tu braves avec eux et les loups affamés,
Et le voleur nocturne, et les brigands armés.
Tantôt tu les verras, pleins d'adresse et d'audace,
Du lièvre fugitif interroger la trace,
Lancer le faon timide, ou dans les bois fangeux,
Livrer au sanglier un assaut courageux ;
Ou par leur course agile et leur voix menaçante,
Presser des daims légers la troupe bondissante.
Surtout que le bercail soit purgé des serpents :
Poursuis la flamme en main tous ces hôtes rampants.
Quelquefois sous la crèche une affreuse vipère,
Loin du jour importun a choisi son repaire ;
Et souvent la couleuvre y roulant ses anneaux,
Domestique ennemie, infecte tes troupeaux,
Dès que tu la verras s'agiter sur la terre,
Va, cours, soulève un tronc, saisis-toi d'une pierre ;
Malgré ses sifflements, malgré son fier courroux,
Frappe : déjà sa tête est cachée à tes coups,
Tandis que de son corps déchiré sur l'arène,
Les cercles déroulés la suivent avec peine.

. . . .

Je veux t'apprendre aussi les marques, l'origine,
Des maux qui, d'un bercail, entraînent la ruine.
Si des buissons aigus, ou les âpres hivers,
Ou les eaux de la pluie ont pénétré leurs chairs ;
Si, lorsque le ciseau leur ravit leur dépouille,
Le bain ne lave pas la sueur qui les mouille,

Souvent un mal honteux infecte les agneaux :
Pour les en garantir plonge-les dans les eaux ;
Que le hardi bélier s'abandonne à leur pente,
Et sorte en secouant sa laine dégoûtante ;
Ou bien enduis leur corps privé de sa toison,
De la graisse du soufre et des sucs de l'oignon ;
Joins-y des verts sapins la résine visqueuse,
L'écume de l'argent, une cire onctueuse,
Et la fleur d'anticyre, et le bitume noir,
Et le marc de l'olive enlevé du pressoir ;
Ou plutôt, pour calmer la sourde violence
D'un mal qui se nourrit et s'accroît en silence,
Hâte-toi, que l'acier sagement rigoureux
S'ouvre au sein de l'ulcère un chemin douloureux.
C'en est fait des troupeaux, si les bergers tranquilles
Ne combattent le mal que par des vœux stériles.
Même quand la douleur, pénétrant jusqu'aux os,
D'un sang séditieux fait bouillonner les flots,
Sous le pied des brebis que la fièvre ravage,
Qu'à ses flots jaillissants le fer ouvre un passage ;
Art connu, dans le Nord, de ces peuples guerriers
Qui rougissent leur lait du sang de leurs coursiers.
   Vois-tu quelque brebis chercher souvent l'ombrage,
Effleurer à regret la pointe de l'herbage,
Sur le tendre gazon tomber languissamment,
La nuit seule au bercail revenir lentement ?
Qu'elle meure aussitôt ; le mal, prompt à s'étendre,
Deviendrait sans remède à force d'en attendre.
   Autant on voit des flots se briser sur les mers,
Autant, dans un bercail, règnent de maux divers :
Encor s'ils s'arrêtaient dans leur funeste course !
Mais non, pères, enfants, tout périt sans ressource !

CHAPITRE XXIII

LES ABEILLES.

Mais le printemps renaît; de l'empire de l'air
Le soleil triomphant précipite l'hiver,
Et le voile est levé qui couvrait la nature.
Aussitôt, s'échappant de sa demeure obscure,
L'abeille prend l'essor, parcourt les arbrisseaux;
Elle suce les fleurs, rase, en volant, les eaux.
C'est de ces doux tributs de la terre et de l'onde
Qu'elle revient nourrir sa famille féconde;
Qu'elle forme une cire aussi pure que l'or,
Et pétrit de son miel le liquide trésor.
    Bientôt abandonnant les ruches maternelles,
Ce peuple, au gré des vents qui secondent ses ailes,
Fend les vagues de l'air, et sous un ciel d'azur
S'avance lentement, tel qu'un nuage obscur;
Suis sa route, il ira sur le prochain rivage
Chercher une onde pure et des toits de feuillage :
Fais broyer en ces lieux la mélisse ou le thym,
De Cybèle à l'entour fais retentir l'airain;
Le bruit qui l'épouvante et l'odeur qui l'appelle,
L'avertissent d'entrer dans sa maison nouvelle.
    Mais lorsque entre deux rois l'ardente ambition
Allume le flambeau de la division ,
Sans peine l'on prévoit leurs discordes naissantes.
Un bruit guerrier s'éveille, et leurs voix menaçantes
Imitent du clairon les sons entrecoupés.
Les combattants épars déjà sont attroupés,

Déjà brûlent de vaincre ou de mourir fidèles ;
Ils aiguisent leurs dards, ils agitent leurs ailes,
Et, rangés près du roi, défiant son rival,
Par des cris belliqueux demandent le signal.
Dans un beau jour d'été soudain la charge sonne :
Ils s'élancent du camp et le combat se donne ;
L'air au loin retentit du choc des bataillons ;
Le globe ailé s'agite, et roule en tourbillons ;
Précipité des cieux, plus d'un héros succombe ;
Ainsi pleuvent les glands, ainsi la grêle tombe.
A leur riche parure, à leurs brillants exploits,
Au fort de la mêlée on distingue les rois ;
Ils pressent le soldat, ils échauffent sa rage,
Et dans un faible corps s'allume un grand courage :
Mais tout ce fier courroux, tout ce grand mouvement,
Qu'on jette un peu de sable, il cesse en un moment.

Quand les rois ont quitté la plaine de Bellone,
Donne au vaincu la mort, au vainqueur la couronne,
Aisément on connaît le plus vaillant des deux.
De sa tunique d'or l'un éblouit les yeux ;
L'autre à regret montrant sa figure hideuse,
Traîne d'un ventre épais la masse paresseuse.
Il faut comme les rois distinguer les sujets ;
Les uns n'offrent aux yeux que d'informes objets ;
Leur couleur est pareille à la poussière humide
Que chasse un voyageur de son gosier aride :
Les autres sont polis, et luisants et dorés
Et d'un brillant émail richement colorés.
Préfère cette race : elle seule en automne,
T'enrichira du suc des fleurs qu'elle moissonne ;
Elle seule au printemps te distille un miel pur,
Qui dompte l'âpreté d'un vin fougueux et dur.
Cependant si ce peuple, en son humeur volage,
Quittait ses ateliers, suspendait son ouvrage,
Sans peine on le rappelle à ses premiers emplois,

6.

Arrache seulement les ailes de son roi ;
Quels sujets oseront, quand leur chef est tranquille,
Abandonner leur poste et déserter la ville ?
Toi-même, pour fixer leurs folâtres humeurs,
Parfume tes jardins des plus douces odeurs ;
Ombrage de pins verts les dômes qu'ils habitent ;
Que les vapeurs du thym au travail les invitent ;
Que Priape, en ces lieux, écarte avec sa faux
Et la main des voleurs et le bec des oiseaux ;
Fais-y croître des fruits, fais-y naître des plantes,
Et verse aux tendres fleurs des eaux rafraîchissantes.

. . . .

Chez elle les sujets unissent leurs fortunes ;
Les enfants sont communs, les richesses communes.
Elle bâtit des murs, obéit à des lois,
Et prévoit aux temps chauds les besoins des temps froids.
L'une s'en va des fleurs dépouiller le calice :
L'autre d'un suc brillant et des pleurs du narcisse
Pétrit les fondements de ces murs réguliers,
Et d'un rempart de cire entoure ses foyers.
L'autre forme un miel pur d'une essence choisie,
Et comble ses celliers de sa douce ambroisie.
L'autre élève à l'État des enfants précieux ;
Celles-ci tour à tour vont observer les cieux.
Plusieurs font sentinelle et veillent à la porte ;
Plusieurs vont recevoir le fardeau qu'on apporte.
D'autres livrent la guerre au frelon dévorant
Tout s'empresse, partout coule un miel odorant.

. . . .

La vieillesse d'abord préside aux bâtiments,
Dessine des remparts les longs compartiments.
La jeunesse des murs abandonne l'enceinte,
Sur le safran vermeil, sur la sombre hyacinthe,
Sur les tilleuls fleuris enlève son butin,
Moissonne la lavande et dépouille le thym.

On les voit s'occuper, se délasser ensemble,
L'aurore luit, tout part ; la nuit vient, tout s'assemble ;
L'espoir d'un doux repos les invite au retour :
On s'empresse à la porte, on bourdonne à l'entour ;
Dans son alcôve enfin chacune se cantonne,
Plus de bruit : tout ce peuple au sommeil s'abandonne.
   Enfin veux-tu ravir leur nectar écumant ?
Devant leur magasin porte un tison fumant,
Et qu'une onde échauffée en roulant dans ta bouche
Pleuve pour l'écarter sur l'insecte farouche.
L'abeille est implacable en son inimitié,
Attaque sans frayeur, se venge sans pitié ;
Sur l'ennemi blessé s'acharne avec furie,
Et laisse dans la plaie et son dard et sa vie.

. . . .

   Toutefois si l'hiver alarmant ta prudence
Te fait de tes essaims craindre la décadence,
Epargne leur trésor dans ce temps malheureux,
Et n'en exige point un tribut rigoureux.

FIN DES FRAGMENTS PRIS DANS LA TRADUCTION.

TABLE DES MATIÈRES.

FIN DE LA TABLE.

COURS D'AGRICULTURE PRATIQUE

Publié sous la direction de **A. YSABEAU**,

Agronome, ancien professeur d'histoire naturelle.

4 vol. in-18 Jésus, illustrés de plus de 200 gravures.

Premières connaissances agricoles. — II. Végétaux cultivés. — III. Animaux
domestiques. — IV. Économie rurale.

PRIX DE L'OUVRAGE COMPLET : 6 FRANCS.

Ce *Cours d'Agriculture* est aussi complet qu'il doit l'être pour porter la lumière là où elle fait défaut, et atteindre son but sans le dépasser. Il n'est, en effet, aucun des collaborateurs du *Cours d'Agriculture*
qui n'ait pratiqué ce qu'il enseigne, et qui, par son contact avec les populations rurales, ne connaisse à fond leurs besoins d'instruction.

La première partie de ce *Cours* prend l'agriculture à son point de
départ; elle initie successivement à la connaissance de la terre, puis à
celle des amendements propres à en corriger les défauts, et des engrais
destinés à en accroître la force productive.

La seconde partie enseigne au cultivateur, déjà muni des notions
nécessaires pour les bien comprendre, les avantages qu'il peut retirer
des défrichements, des irrigations et du drainage, lesquels, dans l'ordre
logique, précèdent l'application de tout système rationnel de culture du
sol.

La troisième partie lui fait passer en revue le matériel agricole, et
lui apprend à s'en servir dans les diverses opérations de labours, semailles, récoltes, etc.

Le deuxième volume est consacré en entier à l'étude des *végétaux
cultivés.*

En première ligne se placent *les céréales*, base de l'alimentation de
tous les peuples civilisés; puis *les légumineuses* et *les racines*, qui occupent une place importante dans le régime alimentaire du genre
humain.

Les *plantes fourragères*, dont la connaissance n'a pas une importance
moindre que celle des céréales elles-mêmes, tant la prospérité de l'Agriculture est intimement liée à l'alimentation des bestiaux, forment la
seconde section de ce volume.

La troisième section traite des *plantes industrielles*, qui, par leur rôle comme matière première des plus utiles industries, viennent immédiatement après les végétaux cultivés pour la nourriture de l'homme et des animaux domestiques. Cette section a pour subdivisions : 1º les *plantes textiles;* 2º les *plantes tinctoriales;* 3º les *plantes oléifères;* 4º les plantes industrielles utilisées sous d'autres rapports que les précédentes.

La quatrième section s'occupe de la culture de la vigne et des arbres fruitiers, c'est-à-dire de deux des branches essentielles de la richesse agricole de la France.

Le troisième volume est consacré aux animaux domestiques, auxquels incombe la tâche de le seconder dans l'accomplissement des travaux de l'agriculture.

Dans la première section sont réunies toutes les notions qui concernent les *races bovines françaises* et *étrangères*, les races de travail comme les races de produit. Un traité des vaches laitières et des meilleures méthodes d'engraissement des animaux de boucherie complète cette section.

La seconde section traite des troupeaux de *bêtes à laine*, en insistan principalement sur celles qui, soit pour la production de la laine, soit pour celle de la viande, conviennent le mieux à nos diverses régions agricoles.

La troisième section expose les principes de l'élève des *bêtes chevalines;* la question de l'élève de nos belles et précieuses races de chevaux indigènes y est envisagée au point de vue agricole, et développée avec toute l'étendue que mérite son importance.

La quatrième section s'occupe d'abord de la chèvre, si justement nommée la vache du pauvre; puis de l'élève et de l'engraissement du porc, dont les divers produits sont à peu près la seule nourriture animale à la portée du plus grand nombre des habitants des campagnes.

Après avoir donné dans les volumes précédents les notions nécessaires pour bien cultiver la terre et pour faire sortir l'abondance de son sein, le quatrième volume a pour but d'enseigner, sous le titre général d'*Économie rurale*, à utiliser le mieux possible les divers produits du sol cultivé.

La *basse-cour*, la *laiterie* et la *comptabilité rurale*, ainsi que les rapports du fermier et de la fermière avec leurs subordonnés, remplissent la première section.

La seconde section comprend la *meunerie*, la *féculerie*, la *distillerie* et la *fabrication du sucre indigène*, ainsi qu'une foule d'industries de moindre importance, qui peuvent, selon les circonstances, concourir à porter l'aisance dans les familles agricoles, spécialement l'apiculture et l'élève du ver à soie, sources de richesse pour un grand nombre de nos départements.

On voit par ce simple résumé quel soin a été apporté au choix des sujets à traiter et à leur mode d'exposition; il donne la mesure des services que le *Cours d'Agriculture* est appelé à rendre.

DICTIONNAIRE USUEL
DES SCIENCES

RÉDIGÉ

Par MM. BOILLOT, BOULANGER, DUCROS, E. D'ORVAL, FRINN,
P. LABITTE, LAGARHIGUE, LÉVY, MARCOTTE, YSABEAU, etc.,

ET PUBLIÉ SOUS LA DIRECTION
De Ch. LOUANDRE

Rédacteur en chef du *Journal général de l'Instruction publique.*

Astronomie — Cosmographie — Géologie — Météorologie
Physique — Chimie — Zoologie — Botanique — Minéralogie
Agriculture — Anatomie — Physiologie

Un fort volume anglais. — Prix broché ou cart. : 4 fr.

Exécuté sur le même plan que le *Dictionnaire usuel de géographie et d'histoire*, on s'est efforcé, dans le nouveau *Dictionnaire*, de ne présenter que des faits essentiels, des notions précises, des définitions simples et claires, de résumer, en un mot, sous une forme élémentaire, les notions les plus variées de la science mises au courant des plus récentes découvertes.

Ce *Dictionnaire* embrasse dans son ensemble toutes les sciences cosmologiques proprement dites, c'est-à-dire celles qui ont pour objet l'étude des merveilles de la création, des éléments divers qui la constituent, des phénomènes dont elle est le théâtre et des êtres qui la peuplent.

Le cadre à suivre était donc tout tracé : il devait comprendre l'astronomie, la cosmographie, la géologie, la météorologie, la zoologie, la botanique, la physique, la chimie. — *Le miracle visible du monde*, voilà l'objet de ce livre. Il ne s'adresse donc point aux savants de profession, ou à telles ou telles spécialités; il s'adresse à tous ceux dont le spectacle de la création éveille la curiosité, et qui désirent connaître les plus importantes explications de la science sur les phénomènes de la nature et de la vie.

Ajoutons que ce *Dictionnaire* est précédé d'une *Introduction* remarquable de précision et d'exactitude. L'auteur y jette un coup d'œil sur l'histoire des sciences; il établit leurs divisions et classifications, et les passe en revue dans les trois grandes périodes de l'antiquité, du moyen âge et des temps modernes.

PARIS. — Impr. administrative de Paul Dupont, rue Grenelle St-Honoré, 45.

www.ingramcontent.com/pod-product-compliance
Lightning Source LLC
LaVergne TN
LVHW021741170726
843503LV00004B/1662